港にあがったホホジロザメ
(仲谷一宏氏提供)

港に水揚げされた
ウバザメ

ネズミザメの
幼魚

世界最大の魚，ジンベイザメ
（かごしま水族館提供）

ダイビングの人気者，マンタ
（鈴木 栄氏提供）

ベルソー ブックス
Verseau Books

028

海のギャング
サメの真実を追う

水産庁研究指導課
研究企画官
中野秀樹 著

成山堂書店

©2007　株式会社 成山堂書店

本書の内容の一部あるいは全部を無断で複写複製(コピー)することや他書への転載は，法律で認められた場合を除き著作者および出版社の権利の侵害となります。成山堂書店は，著者から複写複製及び転載に係る権利の管理につき委託を受けていますので，その場合はあらかじめ成山堂書店 (03-3357-5861) あて許諾を求めてください。

はじめに

　子どもの頃,「クストー海の世界」というテレビ番組をよく見ていた。フランス人の海洋学者であり,スキューバの発明者でもあるジャック・イブ・クストーが調査船カリプソ号に乗って世界中の海の不思議を探るという内容だった。調査船と最新式のスキューバは子ども心にもとても格好よく,私は海の世界に夢中になった。

　その中でも,音もなく暗闇からすーっと現れ,体を激しく動かすでもなく静かに泳ぎ去り,なにを考えているのかわからない不気味な目の光—クールなサメはぞくぞくする存在だった。

　そんな海への憧れもあって,大学は水産系の学部へ入り,1か月間の海上実習へも参加した。来る日も来る日も海と空ばかり,陸が見えたのは出航日と入港日だけ。その期間中に行ったサケマス流し網漁業の実習でヨシキリザメが大量に獲れたことがあった。サケやマスがたくさん獲れるのは当然としても,岸の近くにいるようなイメージのあったサメが,なぜこんな海の真ん中にいるのだろうか。学生時代のこの素朴な疑問と子ど

大学の実習航海で漁獲された
ネズミザメ

もの頃の思い出もあり，進学した大学院ではサメを研究のテーマと定めたのである。

　外洋に棲んでいるサメを研究していたため，就職した研究所ではマグロ研究部に配属となり，サメとは縁が切れたかと覚悟したが，ひょんなことからサメとの再会を果たすこととなった。当時は世界的なサメ保護運動が高まり，水産庁や水産業界ではサメがクジラと同様に保護の対象とされ，漁業が停止に追い込まれないかと危惧するようになり，私に対策のお鉢が回ってきたのである。海のフィールドで調査を行いながら環境保護団体の国際会議にも出席していくうちに，船に乗るよりも飛行機に乗っている方が多いという，少々変わった研究生活を送るようになってしまった。

　ところで，ヨシキリザメの年齢を知るためには，脊椎骨を大鍋で煮て身を除くのが最も簡単である。反面，酷い臭いが出るという欠点もあり，トドやイルカ（非常にケモノ臭い）を調べている連中とともに周囲に怒られながら研究を続けた。この忍耐と年齢査定の結果に分布情報をあわせて，ヨシキリザメの回遊図が完成し，生活史の謎を解き明かすことができた。サケマス漁場に大量のヨシキリザメがいた疑問への答えを出せたのである。子どもの頃，学生時代に続き，サメに係わる3度目の感動を覚えたものだ。

　学生時代に非常にたくさんのヨシキリザメを見た経験から，サメが絶滅危惧種であるはずがないという私の確信は，サメの保護に係わる議論をあくまで科学的に捉えようという姿勢を保つ支えともなった。結局，10年以上にわたる日本政府の働き

かけもあり，すべてのサメが絶滅の危機にあるという環境保護団体のキャンペーンも次第にトーンダウンし，ワシントン条約会議ごとに2，3種のサメをレッド・データブックへ掲載する提案が検討されるようなレベルに落ち着き，現在に至っている。

　本書では，この謎の多いサメの生態，資源，利用と保護活動について紹介したい。

2007年1月

著　者

目　次

はじめに

第1章　サメの生態 *1*

- 1-1　サメは何種類くらいいるのか？ …………………*2*
- 1-2　サメは軟骨魚類である ………………*5*
- 1-3　サメはどのように増えるのか？ …………………*9*
- 1-4　サメはどこに棲んでいるのか？ …………………*15*
- 1-5　サメの体と感覚器官 ………………*25*
- 1-6　サメはなにを食べているのか？ …………………*29*

第2章　サメの利用 *39*

- 2-1　人間はどのようにサメを利用してきたのか …………………*40*
- 2-2　サメ料理 ……………*47*
- 2-3　伝統的なサメねり製品 ………………*53*
- 2-4　世界におけるサメの利用 ………………*56*

第3章　サメを数える *59*

- 3-1　サメはどのくらい生きるか？ ………………*60*
- 3-2　サメを追跡する ……………*65*
- 3-3　サメ資源の現状 ……………*78*

第4章 サメの保護活動 ―サメが絶滅する？― 91

4-1 これまでの環境保護の漁業に対する動き……………92
4-2 サメとワシントン条約………………99
4-3 保護のはじまり………………102
4-4 附属書への掲載提案………………105
4-5 その他の保護・管理活動………………113

第5章 サメと人間　―サメと共存していくために― 119

5-1 サメによる被害と共存………………120
5-2 エコツーリズム………………131
5-3 水族館とサメ―かごしま水族館のユニークな試み―……135

おわりに………………139
参考図書………………142
索　　引………………143

第1章
サメの生態

砂底に横たわるネムリブカ。まわりにいるのはチンアナゴ
(鈴木 栄氏提供)

1-1 サメは何種類くらいいるのか？

(1) サメは魚？

そもそもサメは魚だろうか？ 一般に売られているような魚は硬骨魚類である。サメは軟骨魚類といわれるグループで、マグロやタイなどの硬骨魚類が進化する以前に、別の方向に分かれて進化したといわれている。この軟骨魚類にはサメ、エイ、ギンザメなどが入る。このグループはさらにサメ・エイ類の板鰓類(ばんさいるい)とギンザメ類の全頭類に分けられる。サメ・エイ類よりも前に系統から分かれて進化した魚類が、ヤツメウナギなどの円口類といわれているグループである。

(2) 500 種類のサメ、600 種類のエイ

ひとくちにサメというが、約 500 の種を含む分類群である。最近の分類によると、サメ類は 494 種、エイ類は 631 種といわれている。つまりサメ・エイ類の板鰓類全体で 1,100 種もの大きな分類群ということになる。

(3) サメの特徴、生態的地位

海水や淡水中で最も繁栄している硬骨魚類のグループは、約 2 万種という魚類中最大の種類数を誇るが、サメ・エイ類などの軟骨魚類も約 1,100 種とそれなりの種類数を誇っている。水中という生態系のなかで、硬骨魚類とサメ・エイ類の役割、生態的な地位（ニッチ）はそれぞれ異なっている。ひとつの特徴は硬骨魚類が餌となる生物、低次捕食者から高次捕食者までを

1-1 サメは何種類くらいいるのか？ 3

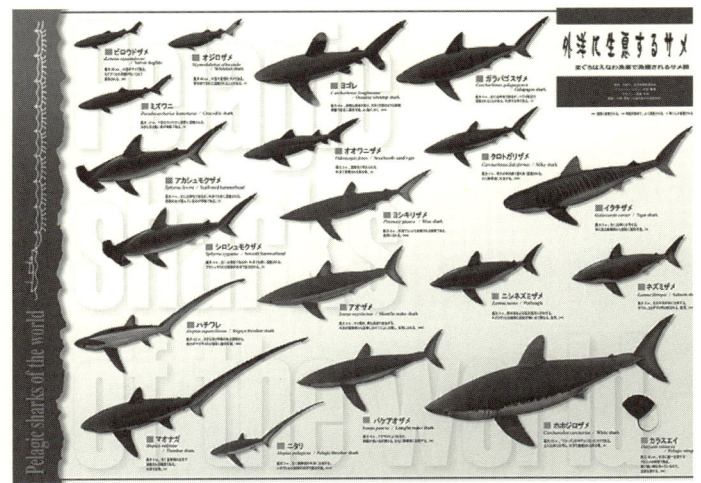

外洋性のサメ・エイ類20種が掲載されている。
図1-1　サメ識別用のポスター（遠洋水産研究所提供）

占めているのに比較して，サメ・エイ類は高次捕食者であることがあげられる。この理由を考えてみよう。

　硬骨魚類と軟骨魚類で生態的に最も異なるのは，繁殖の仕方である。サメ・エイ類は卵生から胎生までさまざまなパターンがあるが，その共通した特徴としては，大きな卵，あるいは子供を少数産むということである。これを生態学の言葉でK戦略者と呼ぶ。K戦略はこみあいに対する耐性や競争能力に優れたものが自然淘汰を通じて残っていくもので，ロジステック曲線の飽和密度Kにちなんで名付けられている。一方，硬骨魚類の多くは，多くの卵を産む。スケトウダラの卵であるタラコに含まれる卵の数が数百万，マグロでは数千万，マンボウにい

たっては数億ともいわれているから，硬骨魚類の多くは小さな卵を大量に生み出すことで，子孫の繁栄をはかるタイプであると考えられる。これを，生態学の言葉でr戦略者と呼ぶ。これは競争種を上回る増殖により増えていくもので，内的増加率rにちなんで名付けられている。

　r戦略者は環境の条件があえば，卵からかえった稚魚が大量に生き残るので，どんどん数を増やすことができる。また，条件が悪くなると稚魚の生き残りが極端に悪くなり，急激に数を減少させる。もともと大きな子供を少数産むサメは，環境の変化に強い種類であると考えられる。繁殖に割り当てられる限られたエネルギーを少ない子供に集めることで，子供は大きな体を持つことができ，それによって捕食される危険を避けることができる。多くのサメは子供のころから生態系のなかで早く高次捕食者の地位を占めることによって，あるいはジンベイザメのように体を大きくすることにより捕食を避け，生き残りを図っているのだろう。

　もうひとつ，サメの特徴としてあげておきたいのは，大きな顎と鋭い歯，ひいてはその捕食方法である。貝を食べるネコザメやプランクトン食のジンベイザメのようなサメもいるのだが，映画「ジョーズ」以来，大きな顎と鋭い歯は，すっかりサメの代名詞になった。では，なぜそのような顎と歯を進化の過程で発達させてきたのだろうか。海でサメに襲われると，逃げようがないようなイメージがあるが，実はサメは捕食がへたなのではないかと思っている。

　一般に高次捕食者というのは，獲物を捕らえるのがあまりう

まくないようである。アフリカのライオンやチーターなどでも，獲物を逃す割合がかなり高いといわれている。サメの鋭い歯は数少ないチャンスに確実に肉片を手に入れるための適応ではないだろうか。鯨類や魚類の屍骸から腐肉をかじり取るためにも，鋭い歯は役にたつだろう。

1-2　サメは軟骨魚類である

(1)　サメはいつごろ出現し進化したのか？

古代のサメの歯の化石は，約4億年前のデボン紀の地層から出現している。最初のサメは浅い海で進化したといわれているが，初期のサメは淡水に適応したと考える学者もいるようだ。アメリカのデボン紀後期の地層からは，古代ザメであるクラドセラケの化石が出現している。古生代後期の石炭紀（3億6000万年－2億9500万年前）になると，さらにさまざまなグループが出現した。このなかには6m以上もある大きなサメも含まれている。

古生代のサメの多くは，石炭紀から二畳紀（2億9500万年－2億4500万年前）にかけて絶滅し，現代のサメの原型は中生代（2億4500万年－6500万年前）に出現したとされる。このサメはヒボーダスと呼ばれ，現生のネコザメの祖先型と考える人たちもいる。エイは中世代のジュラ紀（2億500万年－1億3500万年前）にサメから派生したと考えられている。エイの祖先型の形はエイの仲間であるサカタザメの仲間である。現生のサカタザメはサメとエイを合わせたような形をしている。

現代型のサメの多くは，中生代の白亜紀（1億3500万年－

6500万年前)にその原型ができあがったと考えられている。そして新生代の第三紀(6500万年‐168万年前)に現代型のサメが適応放散し，メジロザメ類が他のサメを圧倒して種分化を遂げたと考えられている。

(2) これまでに実在した最大の化石ザメ，メガロドン

映画「ジョーズ」に登場したホホジロザメは，全長13mの設定で作ったらしく，ひどく大きいサメである。実際に捕獲されるホホジロザメはせいぜい5m‐6mといったサイズが多いようである。外洋のマグロ漁業で漁獲される大型のサメであるヨシキリザメやアオザメは，2.5m‐3mくらいが最大である。オナガザメの仲間のハチワレは尾の長さがそれ以外の部分と同じくらいあり，全長で4mくらいの個体が漁獲されている。ホホジロザメは体がマグロのように紡錘形で大きなものは体長5m‐6m，体重が1トン‐1.5トン程度あり，サメのなかでも巨大である。ところが絶滅した古代サメでホホジロザメの仲間であると考えられているムカシオオホホジロザメは，全長が30mもあったという説がある。

サメの化石は歯が多いが，ホホジロザメ属の化石は暁新世(6000万年‐6500万年前)まで遡って発見される。これまで発見された最大の歯の化石は，15cmもあるムカシオオホホジロザメの歯である。この歯は現生のホホジロザメとほぼ同じ正三角形に似た形をしている。現生のホホジロザメの歯は大きくてせいぜい5cmくらいであるから，ずいぶんと大きな歯である。このサメの大きさを示す有名な写真は，巨大なアゴの標本の向

こう側に 6, 7 人の人が立って写真を撮っているものである。この古代ザメの大きさについては昔からいろいろな議論があって，現在のホホジロの歯と体の大きさの比率から計算して，前出の約 30 m という推定がされたようである。しかし，その後の信頼のおける推定では約 13 m 程度ではなかったかとされている。映画のジョーズは，ムカシオオホホジロザメが現代に生きていたらという設定であれば，大きさとしては正しいかもしれない。

(3) 遺伝子からみたサメの進化

これまで，生物の進化に関する研究には，形態学的な特徴や化石の記録等が用いられてきた。サメやエイについても，化石も含めて鰭や歯の形，あるいは骨格の特徴等を用いて研究が行われている。最近では，DNA を使った研究も盛んになってきた。DNA はアデニン，グアニン，シトシン，チミンという物質が，とても長く繋がってできている。この 4 種類の物質の配列は，時間が経つにつれて少しずつ変化するが，その変化はサメやエイの種類ごとに蓄積されていく。そのため，DNA の配列の違いが大きいほど，その生物種が分かれた時代は古くなり，分化した時代が新しい種類ほど DNA 配列の特徴が似てくる。

サメとエイの進化の歴史を調べていくうちに，ひとつ大きな問題が出てきた。それは，サメのグループとエイのグループが分かれた時代についてである。ある研究者は，2 つのグループは非常に古い時代に分かれて，各々のグループが独自に進化してきたとした。これに対して他の研究者は，ある程度サメのグ

ループの進化が進んだ後に,一部のサメの仲間からエイのグループが進化したと考えた。とても興味のある問題であるが,DNAの研究結果からは,サメ・エイ類の進化における初期の時代に,2つのグループが分かれたとする説が有力になっている。

　このような大きなグループの進化だけでなく,もう少し小さなグループの進化についてもDNAを使った研究が行われている。シュモクザメの頭は,両目が横に飛び出した独特な形をしている。日本で見られる3種(アカシュモクザメ,シロシュモクザメ,ヒラシュモクザメ)の頭の形は似ているが,世界には両目間の幅がとても広い種類から,幅が狭い種類まで様々な頭の形をしたシュモクザメが分布している。シュモクザメの両目は,だんだんと広がっていったのだろうか? いろいろな頭の形をした8種類のシュモクザメについてDNA配列を比較したところ,シュモクザメの両目の幅は,だんだんと狭くなっていったという結果が報告された。普通の頭をしたサメの仲間から,両目間が広く離れたツルハシのようなシュモクザメが出てきて,その後にだんだんと両目の幅が狭い種類が生じてきたという説,その理由は明らかにされていないが,みなさんの考えはどうだろうか?

　最後にサメのDNAで,もうひとつ面白い話がある。DNAの配列は少しずつ変化するという話をしたが,サメの仲間のDNA配列が変化するスピードは,ヒトやチンパンジーが属する霊長類や,ヒツジやヤギの仲間のグループである有蹄類よりも7,8倍も遅いそうである。代謝率等が関係しているようで

あるが、きっとサメの進化の歴史にも影響を及ぼしているのだろう。

1-3 サメはどのように増えるのか？

(1) 2つの子宮、2つの交尾器

　サメの生殖の仕組みはどうなっているのだろうか。硬骨魚類の生殖方法は体外受精で、雌の放卵に合わせて雄が放精する。サメは体内受精で、交尾して雄の精子を雌の体内に移して卵を体内で受精させる。雄はクラスパーと呼ばれる交尾器を使って雌と交尾を行うが、これは哺乳類のペニスとは違い、起源が腹鰭である。腹鰭の端が筒のように丸まって交尾器を形成している。腹鰭は1対で2枚あるので、クラスパーも2本ある。交尾

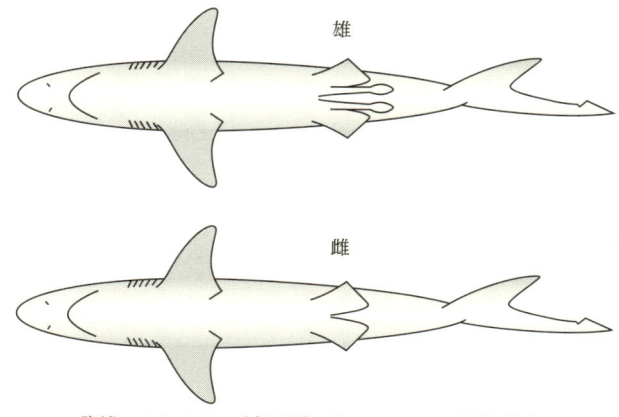

腹鰭にクラスパー（交尾器）がついているのが雄（上）。
図1-2　外形からわかるサメの雌雄

10　第1章　サメの生態

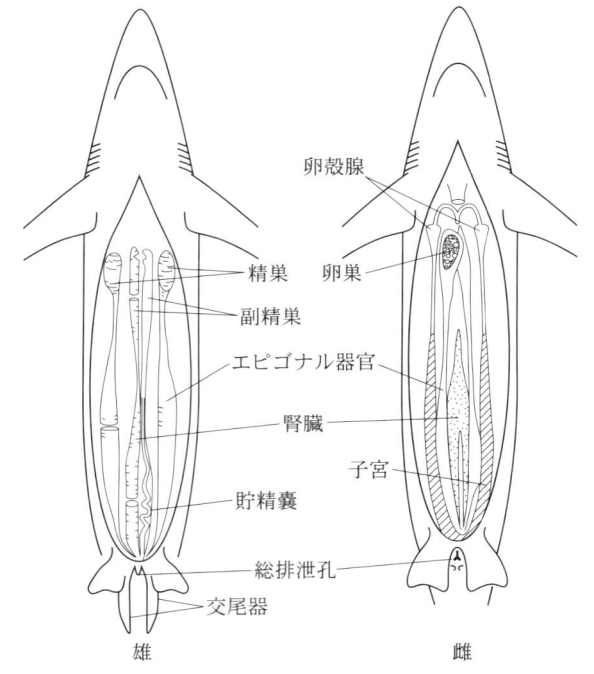

雄は交尾器が2つあり，雌は子宮が2つある。
図1-3　ヨシキリザメの生殖器官

時に精嚢（種類によっては貯精嚢）から総排泄孔に送られた精子は，サイホンサックといって海水を押し出すポンプのような器官の作用で海水と一緒に雌の体内に流し込まれる。

　サメのなかには，クラスパーの先端にクローやスパーといって鉤状の突起物がついていて，雌の体内で鉤が左右に開き，交尾時に体が雌から離れないようにする仕組みを持つものもい

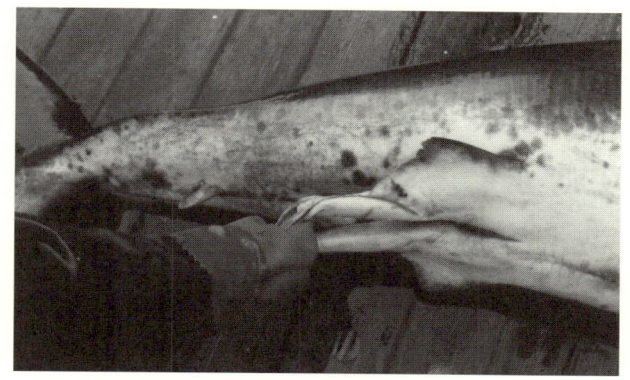
先端が雌の体内で傘のように開いて体を固定する。写真は先端部を開いているところ。
写真1-1　ネズミザメの交尾器

る。また鉤状ではないが，雌の体内でクラスパーの先端がおりたたみ傘のように開いて，体を固定する種類のサメもいる。雄サメはさらに雌の体に蛇のように巻き付いたり，胸鰭を噛んで体を固定したりするので，雌は大変である。サメの種類によっては求愛行動と交尾時の噛みつきによって，雌ザメの体の表面がぼろぼろになる場合がある。ヨシキリザメでは，雌の皮下組織は雄の倍くらいあって，雄の噛み付き行動から体を防護するようになっている。

　一方，雌の生殖器官としては2つの卵巣に2つの子宮がある。大半のサメでは雌の卵巣は片側が萎縮して1つのみが機能しているようであるから，人間の2つの卵巣，1つの子宮とまったく逆の1つの卵巣，2つの子宮という構造である。人間が進化するはるか昔に独自に進化していった結果だろう。

(2) サメの妊娠とさまざまな生まれ方

さて交尾を終えた雌はやがて妊娠する。サメには種類によって3種類の出産方法がある。子供を卵で産む卵生，卵をお腹の中で孵化させて子ザメを生み出す卵胎生，卵を体内で孵化させ人間のようにへその緒を通じて母親から栄養を補給する胎生である。ミズワニやアオザメといった卵胎生の種類では，子宮内で先に孵った子ザメがあとから孵った兄弟や卵を食べてしまう，子宮内での共食いが知られている。サメの生存競争は母親のお腹の中から始まっているようだ。

(3) サメはどのくらい増える？

生物の群れが増える早さというのは，成熟にかかる時間と1回に産む子供の数，一生の間に子供を生むことができる回数などで決まってくる。人間の場合は双子や三つ子もいるが，ほとんどの場合は1回に1人なので，1人の女性が一生の間に生む子供の数と回数がほぼ同じ意味を持つ。しかし，サメの雌が一回に産む子供の数は種類ごとで違う。沿岸性のホシザメやトラザメの仲間は数尾から十数尾の子供を生む。外洋に生息するヨシキリザメは十数尾から百を超す胎児の記録がある。アオザメは2尾から十数尾程度，近い種類のネズミザメは2尾から4尾である。アブラツノザメは数尾から十数尾といったところだ。ミナミマグロ漁場で漁獲されたオジロザメは150尾を超す胎児を持っていたものもいる。

サメの産仔数は，10尾以下，10尾から20尾の間，数十尾から百数十尾のものと，3つくらいのグループに大別されそうで

1-3 サメはどのように増えるのか? 13

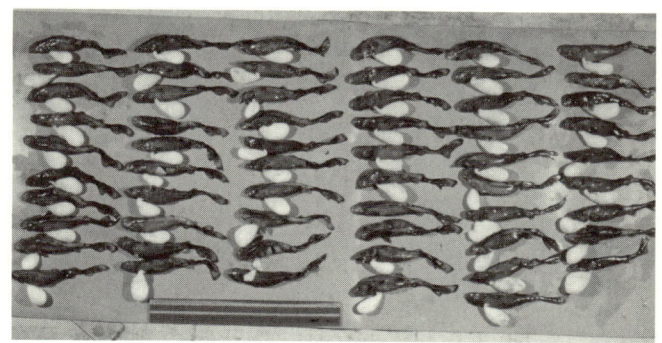

写真1-2 多産なオジロザメ(上)と一腹に入っていた
59尾の胎児(仲谷一宏氏提供)

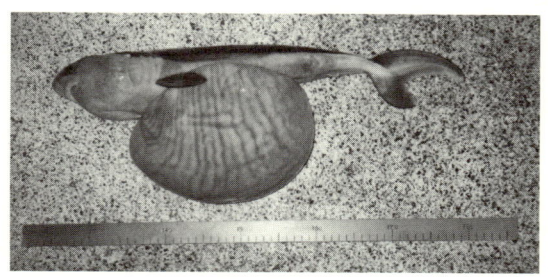

胃が卵黄で膨れている。
写真1-3 ネズミザメの胎児

ある。

　次は成熟にかかる時間である。沿岸性のホシザメやトラザメの仲間は2，3年で成熟するといわれている。外洋性のヨシキリザメは5，6年，アオザメは7，8年である。冷たい北の海に棲むアブラツノザメは成熟に10年以上かかると考えられている。アメリカのメキシコ湾沿岸に生息するドタブカは成熟するのに20年以上もかかるそうである。

　先ほどの子供の数と成熟時間でおおよその尾数が増える速度がわかる。単純に考えると1尾の雌が1年に産む子供の数は，沿岸のトラザメで数尾/2，3年，外洋のヨシキリザメは数十尾/5，6年，アブラツノザメは十数尾/10年以上というような増加率で増えていくことがわかる。アメリカのスミスのグループ

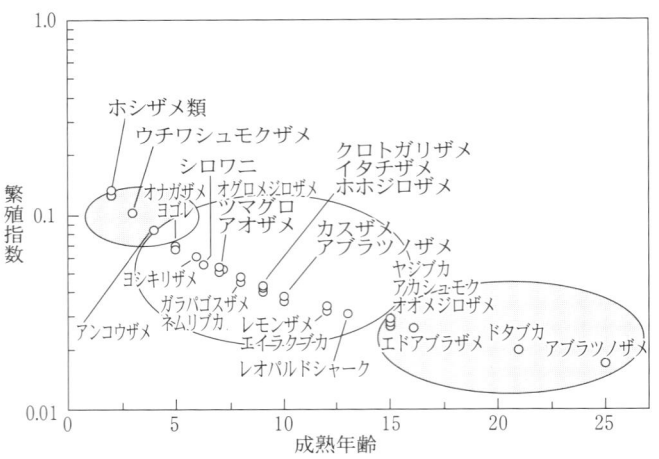

左上ほど資源は早く増加し，右下になるほど遅い。
図1-4　スミスらがまとめたサメの繁殖しやすさの指標値

は，サメ類の群れの増加速度を計算し，グループ分けを行ってみせた。それによると，早く成熟してどんどん子供を生むトラザメなどの沿岸小型サメのグループがもっとも増加率が高く，ついでヨシキリザメなどの外洋性サメ類のグループ，最後にアブラツノザメなどの寒帯に生息するサメやドタブカなどの沿岸に生息する大型のサメのグループがもっとも増加率が低いことを示した。

　漁業などの人間活動でサメの数が減らされた場合，この増加速度が低いものほど回復が遅い。保護すべき対象として最も気をつけるべき順番は，沿岸の大型サメのグループと寒い海に生息する種類，次いで外洋のサメ類，最後に沿岸の小型サメ類となることがわかる。

1-4　サメはどこに棲んでいるのか？

　約500種類もいるサメはどこに棲んでいるのだろうか？　サメは棲みかによって，浮きザメと底ザメに分けられる。これはマグロやサンマ，イワシなどのように泳ぎ回る種類とカレイやアンコウのように底にいて生活するものと同じ分け方である。また沿岸性，外洋性，深海性にも分けられる。これを組み合わせて，沿岸の浮きザメ，沿岸の底ザメ，外洋の浮きザメ，深海ザメの4つに分けるのが妥当だろう。広く外洋を回遊するヨシキリザメでは，北大西洋で，海流にのって時計周りに一回りすると推定されている。これは距離にして1万8,000km（地球の半周弱！）といった距離になる。サメの中には長い放浪の旅をする種類がいるのである。

(1) 外洋のサメ

 最近は回転寿司が広く普及して,お寿司がますます身近な存在になってきた。お寿司の普及とともにマグロの消費量も増えている。そのマグロは主にマグロ延縄漁業で獲られている。マグロ延縄漁業とは,長い幹縄にたくさんの釣り針がついた枝縄を水中にすだれのように設置してマグロを釣り上げる漁業である。広い外洋を泳ぐマグロを捕らえるために,漁具全体の長さは100kmくらい,枝縄の間隔は50mくらいで,合計約3,000本もの釣り針がついている。この漁業で漁獲されるサメは20数種類が報告されている。これらのサメは外洋(大陸棚の縁より外側の海域)の表層から300mくらいの水深に生息していると考えられる。

 一般に外洋の生態系は,沿岸や珊瑚礁などに比べて単純だといわれている。例えば海洋構造にしても,沿岸のように細かな地形の影響を受けない。生態系を構成する生物種についても,人間が利用するマグロ類は世界で5種類(クロマグロ,ミナミマグロ,ビンナガ,メバチ,キハダ)で,太平洋,大西洋,インド洋どの大洋でも種類は変わらない(最近の研究では,太平洋と大西

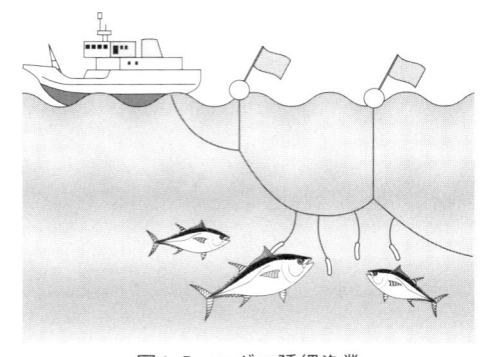

図1-5 マグロ延縄漁業

洋のクロマグロを別種とする研究結果がある)。サメについても同様で，マグロ延縄で漁獲される代表的な種類であるヨシキリザメ，アオザメ，ヨゴレ，クロトガリザメ，オナガザメ類などは，やはりすべての大洋に同じ種類が分布している。

　サメ類のなかでも繁栄しているメジロザメのグループは，それぞれの生息域で固有に進化し48種類と種類数も多い。しかしメジロザメのなかでも外洋に適応しているものは，ヨシキリザメ，ヨゴレ，クロトガリザメの3種類だけである。残りの45種類はすべて沿岸域に生息しているわけだから，外洋の生態系が沿岸に比べて単純であることがわかる。

　これらマグロ延縄で漁獲される種類のなかでも，ヨシキリザメはサメ類の漁獲量全体の7，8割を占めている。そして熱帯域から温帯域まで世界中の海洋に生息していることから，外洋で最も繁栄しているサメであると考えられる。

(2) どのくらいの深さに生息しているか

　実際にサメが海中で潜水したり，浮上したりする行動を調べるためには，発信機を装着した追跡実験が適当であるが，もう少し簡単にサメが棲んでいる深さを調べる方法がある。それはマグロ延縄のどの深さの釣り針にサメがかかったかを調べる方法である。

　最近のマグロ延縄の釣り針は，浅い針で50m，深い針では350mくらいの深さに設置されている。そこで釣り針を巻き上げるときに，サメがどのくらいの深さの針にかかっていたかを記録し，あとで深さ別にまとめてみると，どの種類がどのくら

18 第1章 サメの生態

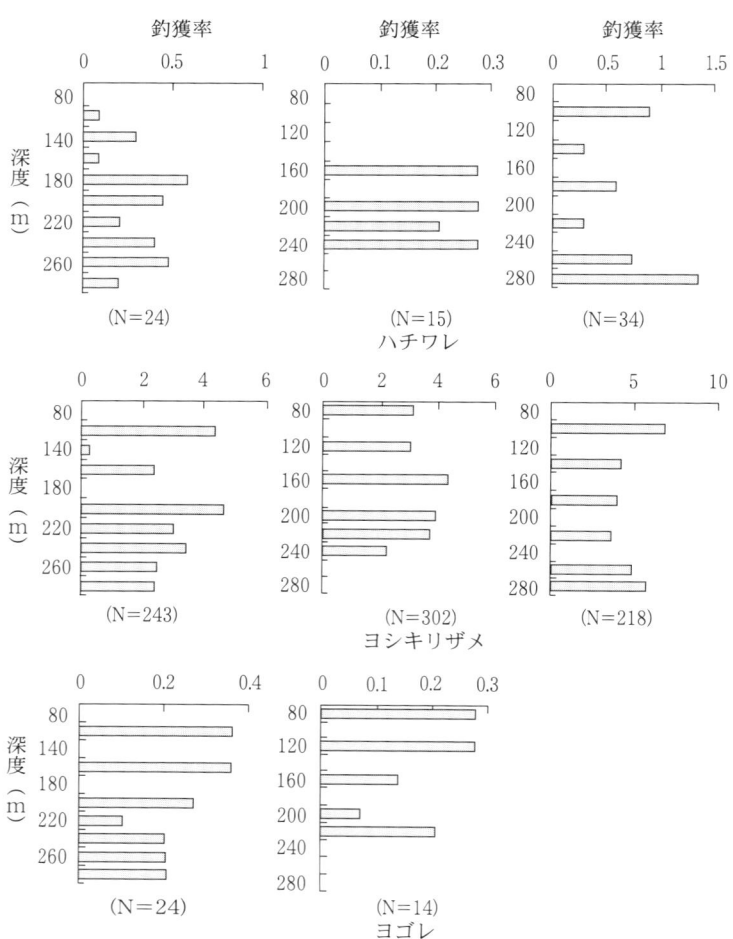

上段からハチワレ，ヨシキリザメ，ヨゴレ。ハチワレは深いほど多く，ヨゴレは浅いほうが多く獲れる。ヨシキリザメはどの深度でもよくかかる。

図1-6　マグロ延縄漁業で獲られたサメの深度別漁獲率

いの深さで餌を食べたかがわかる。

　図1-6ではオナガザメの仲間のハチワレとヨシキリザメ，ヨゴレの漁獲された釣り針の深度から計算した深さ別の釣獲率（釣針1,000本当たりの漁獲尾数）を表した。ハチワレは深くなるほど，よく獲れる傾向がある。これに対してヨシキリザメは，深さで獲れ方に差がでてこない。またヨゴレは浅くなるほど，多く獲れることがわかる。このように漁獲の情報を細かく調べることによって，その種のサメがどの深度を好むかを知ることができる。

　さらに1匹1匹がどのくらいの深さで，どのくらいの水温で漁獲されたかを正確に測る方法として，釣り針に小型の水深水温計を取り付けて調べる方法がある。この水深水温計は，水深と水温を時間の経過とともに記録できるすぐれもので，マグロ延縄の釣り針が，何時にどのくらいの深さでどのくらいの水温のところにあったのかがわかる。そして，その釣り針にサメがかかると，サメは逃れようとして泳ぎ回るので，釣り針の深度が急に浅くなったりする。その記録から，どのくらいの深さ，水温で何時にサメが餌に食いついたかがわかる。このような方法で情報をたくさん集めることによって，そのサメの生息域がわかるのである。

(3)　深海の住人

　外洋の水深は平均約5,000mであるといわれているが，沿岸からすぐに5,000mまで落ち込むのではなくて，大陸棚と呼ばれる200mくらいの海底がしばらく続き，そこから徐々に深海

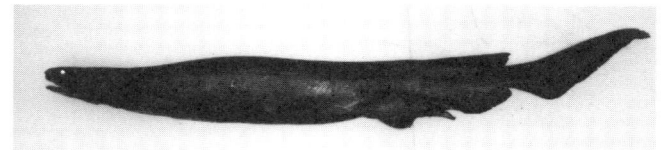

写真1-4　駿河湾などの深海に生息しているラブカ

底に落ち込んでいく。この深海底に落ち込んでいく部分を大陸棚斜面といっている。大陸棚や大陸棚斜面に生息しているのが，深海ザメと呼ばれているサメ類である。多くは1m内外の小型で体色は暗色，緑色に光る目をもち，種類が多く繁栄しているグループである。深海ザメは，ヘラザメ属，ヤモリザメ属，イモリザメ属，カスミザメ属，カラスザメ属などのサメ類である。

　また，やや大型なサメとしてラブカ（写真1-4），カグラザメ，エドアブラザメ，ミツクリザメ，アイザメ類，ユメザメ類，ビロードザメ類，オンデンザメ，ヨロイザメなどがいる。これらは大型で広い分布域をもち，遊泳性が高いと考えられている。以前に駿河湾の深海で巨大なサメがテレビカメラに写ったが，これはオンデンザメに形がよく似ていた。オンデンザメは日本近海では深海性であるが，カナダなどの寒帯では冬季の寒い時期に海表面にも現れ，浮氷の上で休んでいたアザラシを襲ったこともある。

(4)　沿岸の住人

　沿岸の浅海に生息するサメのなかでも，アジ，サバのように水中を自由に泳ぎまわっている浮きザメと，カレイやヒラメのように海底を基準に生息している底ザメとに分けられる。深海

ザメ同様，多種多様な種類が適応している。例えば浮きザメにはメジロザメの仲間のツマグロ，ツマジロ，メジロザメ，ドタブカ，ガラパゴスザメ，クロヘリメジロ，スミツキザメ，ホウライザメなど，ニシレモンザメ，イタチザメ，ネムリブカ，シュモクザメ類，マオナガ，シロワニ，オオワニザメ，ホホジロザメ，ウバザメなどがいる。このように種類の多い浮きザメ類であるが，熱帯から亜熱帯にかけて種類が多くなるようである。亜寒帯では浮きザメの種類は少ない。

沿岸の底ザメはネコザメ科，テンジクザメ科，トラザメ科，ドチザメ科，ツノザメ科，アイザメ科，ノコギリエイ科，カスザメ科などである。小型で遊泳力がそれほど強くなく生息域が狭い種類が多い。

(5) 淡水に棲むサメとエイ

サメというと海の生き物と考えるのが一般的だが，サメ・エイの仲間には淡水に適応した種類もいる。南米のアマゾン川に生息するエイ類のポタモトリゴン類は海水に馴化できない。またアカエイ類のなかには河口から1,000kmも上流域に観察される種類もあり，生活史のすべてを淡水域で完結すると考えられている。多くは小型のエイであるが，メコン川に生息するオトメエイの仲間は非常に大型のエイで畳2枚分，2m×2m位の大きさにまで成長する。ノコギリエイの仲間にも，汽水域から河川を遡り淡水域に生息するものがいる。

淡水に生息するサメがいることは古くから知られていた。アフリカのザンベジ川，インドのガンジス川，中米のニカラグア

湖や南米のアマゾン川などにサメが生息することが知られ，それぞれザンベジシャーク，ガンジスシャークなどと呼ばれていたが，海産のオオメジロザメと同種であると見なされるようになった。かつて多くのサメが生息していたニカラグア湖でも妊娠個体はまれで，出産例もないことから，淡水産のサメはすべて海から遡ってきていると考えられている。オオメジロザメは，幼魚のうちに川を遡ることが知られている。アマゾン川では河口から800km上流で，オオメジロザメの幼魚が見つかった例がある。また，アメリカのミシシッピー川でもサメが発見されている。

(6) 男女7歳にして席を同じにせず

日本でも昔，儒教に基づく躾が厳しかったころは，「男女7歳にして席を同じにせず」という教えがあった。実は多くのサメで性別や年齢（成長段階）により，生息域を変えることが知られている。例えば外洋に生息するヨシキリザメの回遊の例を図1-7で示した。ヨシキリザメの赤ちゃんは黒潮と親潮がぶつかる潮目のやや南の海域で生まれる。この潮目の海域は幼魚（人間で言えば乳児から小学生くらいまで）の生育場にもなっている。さらに成長して，おとなになる直前の成熟前（人間でいうと中学生くらい）になると，雌は北に生息域を拡大し，雄は南に分かれて棲むようになる。

成熟して成魚になると，雌は南下し，雄が生息しているのと同じ海域に棲むようになるが，なかなか雄と雌の割合が1対1にならない。実は成魚になっても交尾期以外は雄雌で分離して

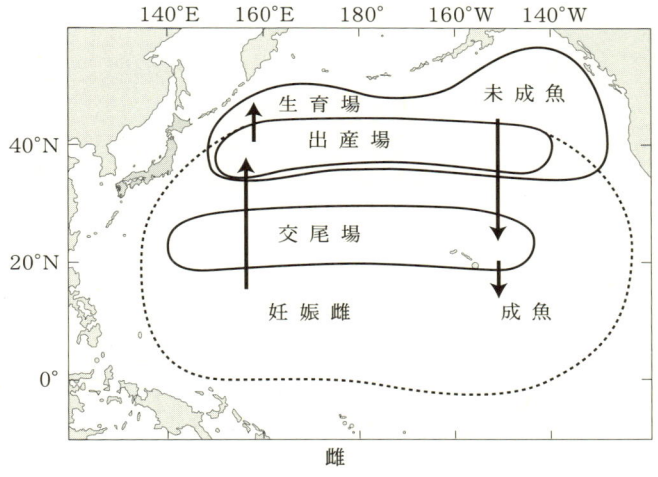

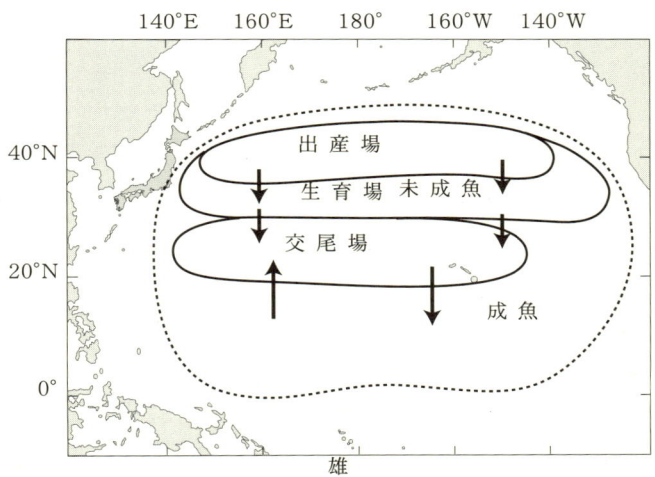

図1-7 ヨシキリザメの回遊のイメージ

いて，出会うのは交尾期だけであるようだ。交尾後，妊娠した雌ザメは1年間の妊娠期間の後で，出産場へ向かい子ザメを出産する。成熟してからの雄の移動はよくわかっていない。標識放流によると大西洋ではヨシキリザメは時計回りに回遊しているようなので，雄は暖かい海洋を静かに時計回りに回遊しているのかもしれない。

このような性による分離はヨシキリザメだけでなく，他のサメでも広く知られているが，理由はよくわかっていない。一説には，サメの天敵はサメ自身であるので，自分より大きなサメの捕食から逃げるための適応であると言われている。雌については，十分成熟する前に，雄の交尾行動を誘発すると命を落とす危険があるので（雄のサメは交尾前に雌に噛み付く行動をとる），それを避けるための適応であるとされている。しかし，幼魚が生まれる海域や育つ海域は，餌が豊富な海域である場合も多いので，同種の大型サメの捕食を避けるためというだけでなく，幼魚が育つために有利な海域を選択するためでもあるようだ。

海の水温は北の海ほど，また深くなるほど低くなる。したがって，冬の北の海の表面水温と，温帯域の深海の水温が同じように冷たいことがある。そのために駿河湾では深海に生息する巨大なオンデンザメが，カナダでは冬に表層にまで上がってきて，流氷に乗っているアザラシを襲うことがある。オンデンザメは吻がとがっておらず，どちらかというと丸い頭をしているが，アザラシを襲うとなると，ホホジロザメと同じような凶暴な生態を持っていることになる。もっともオンデンザメとアザラシ

1-5 サメの体と感覚器官

　人間の視覚，聴覚，嗅覚，味覚，触覚を五感という。サメの感覚はどうなっているのだろうか？　サメは人間にはない感覚器官を2つ持っていて，いわば七感あるということになっている。この残りの2つの器官は，振動や圧力の変化を感知することのできる側線と生物の微弱な電流や海流，地磁気を感知することのできるロレンチニ氏器官である。

(1)　電気を感じるロレンチニ氏器官

　サメの特徴的な感覚器官としてよく取り上げられるのが，生き物の持っている微弱な生体電流を感知することができるロレンチニ氏器官である。この器官はロレンチニ瓶とも呼ばれ，サメの体のうち特に頭部に集中している。サメの頭を良く見ると

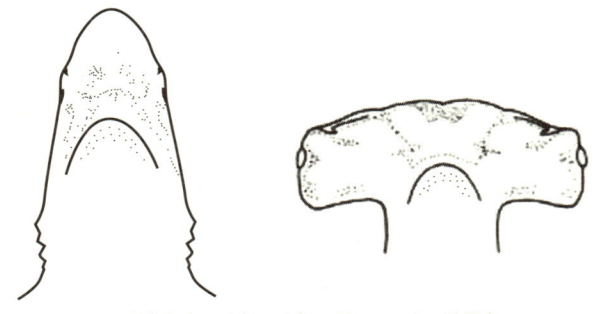

小さな穴のひとつひとつがロレンチニ氏器官。
図1-8　サメのロレンチニ氏器官

直系 0.5mm くらいの小さな穴がたくさん開いているが，これがロレンチニ氏器官である（図 1-8）。周囲を押すとこの穴からゼリー状の物質がにじみ出てくる。このサメの感覚器官の実験は，アメリカの科学者によって水槽内の砂中に電極を埋めドチザメの仲間を使って行われた。サメは電極に非常に弱い電流を流したときでも，電極のありかを検知することができた。

　同様な実験は，ヨシキリザメ，アカシュモクザメについても行われ，電気の誘引効果が認められている。またサメ・エイ類が硬骨魚類になどに比べ電気刺激に対して敏感であることから，電気刺激をいやがる行動である忌避試験も行われ，クロトガリザメ，ネムリブカ，ドチザメ，ツマグロでは電気をいやがる行動が確認されているが，トラフザメ，イタチザメ，ナヌカザメ，トラザメでは，電気刺激に対する反応が確認されなかったと報告されている。その結果，電気刺激によるサメ撃退方法は種別に効果を十分に検討する必要があるとの指摘もある。

(2) サメの聴覚，嗅覚

　サメには人間のような外に突き出た耳はないが，内耳があり小さな管で外に通じている。サメが餌を探すのに最も重要な役目を果たしているのは，おそらく聴覚だろう。サメは獲物が傷つき，もがいている音を，1km も 2km も離れたところから気づいて近づいてくると言われている。

　サメは吻端（頭の先端）の腹側に鼻の穴が2つ開いている。サメの嗅覚は大変鋭く，1滴の血を百万倍以上に薄めても充分臭いをかぎつけることができるといわれている。学者のなかに

はこの能力を称して「生きている鼻」と呼ぶ人もいるくらいである。サメは潮流や風で吹き流された臭いをたどって、大きく蛇行しながら獲物に近づく。

(3) サメには瞼がある!?
　サメの眼は丸く、ひとみは丸かったり、ネコの眼のように縦やあるいは横に細長かったりする。また瞬膜とよばれる瞼があり、この瞼は下から眼を覆うように出てくる。サメが食いつく時に白目をむくといわれるのはこの瞬膜のせいである。これは獲物を食べるときに眼球を守るための適応だろうといわれている。サメの種類によっては、この瞬膜がないものがある。
　サメの眼にあるレンズは球形で、人間の眼のレンズのように形が変わって焦点を合わせるタイプではない。硬骨魚類ではこのレンズを動かして焦点を合わせることが知られているが、サメでは確認されていない。遠視気味ではないかと推定する学者もいる。さらに、サメの眼にはネコの眼にもあるタペータムという光りの反射膜があり、光に対する感受性を増加させ、まっ暗なところでもはっきり物を見ることができると言われている。しかし、水中での視界が空中にくらべ著しく悪いことを考えると、サメは餌を探すのに、視覚よりも嗅覚や聴覚に頼っていると考えられる。

(4) 奇妙な頭はなんのため？
　サメには奇妙な頭をしたものがいる。シュモクザメはご存じのとおり、目が横に飛び出し、頭がトンカチのような形をして

いる（写真1-5）。シュモクザメのシュモクというのは，お寺の坊さんがお経をあげるときにうちならす鐘をたたく小さな金

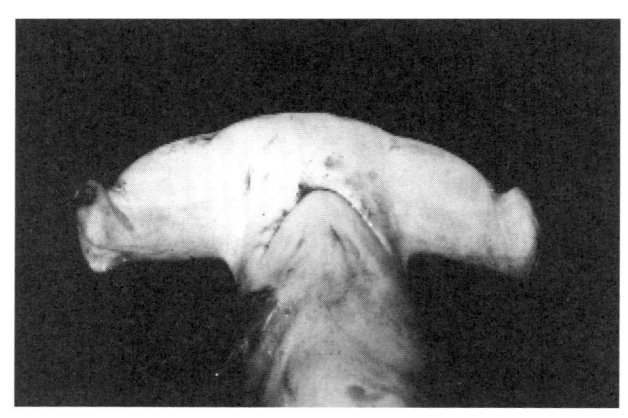

写真1-5　奇妙な頭をしたシュモクザメ

槌状の器具のことである。漢字では「撞木」と書く。英語のハンマーヘッドシャークはそのまま「かなづち頭のサメ」であるから，日米で同じ語源の名前ということになる。やはり目につく一番特徴的なところで命名したのだろう。

なぜこのような頭に進化したのか，興味深い仮説がある。それはシュモクザメの両側にはりだした頭は，潜水艦が潜水したり，浮上したりするときの潜航舵のような役割をしているというものである。実際にシュモクザメの頭部には両側に出ている張り出しを上げ下げする筋肉がついているそうで，この筋肉に電極をつないで，実験をしたところ，ちゃんと頭を上下に振ったそうである。確かに，シュモクザメの胸鰭や腹鰭は他のサメに比べて小振りなので，方向を変えるのに頭も使っているのかもしれない。他の説は，シュモクザメの頭の先端に開いた鼻の穴からは，みぞが頭の張り出しの先端までのびているので，においの源の方向を知る能力を上げているというものである。

1-6 サメはなにを食べているのか？

サメの捕食方法には歯の形態からみて，噛みつき型，引き裂き型，純切断亜型，切断・噛みつき亜型，押し潰し型，噛みつき–すりつぶし型などがある。

(1) 鎧，財宝からナンバープレートまで

サメは鋭い歯と大きく開いた口で，獲物の肉をすばやく食いちぎる。一般的なサメのイメージはこのようなものではないだろうか。テレビなどでよく紹介されるホホジロザメのように，

大きく肉片を食いちぎるような食べ方をするサメも確かにいるが、サメの種類が約500種あるように、サメの種類によって、食べる餌も食べ方も、様々である。食べる餌によってサメの種類を大きく分けると、プランクトンを食べる種類、浮いている魚類を食べる種類、海底の餌を食べる種類に分けることができる。

　サメは映画「ジョーズ」に代表されるように人間を食べるイメージがあるが、人間だけ食べて1年を暮らせるわけはないので、実際は違うものを食べている。先に述べたように、種類も多く、生息水域も沿岸から外洋まで、浅い渚のような海域から深海まで分布しているので、種類によって多種多様である。また悪食であるともいわれ、サメの胃中からは財宝や甲冑、車のナンバープレートが見つかった例もある。これはサメが微弱電流を感じることから、金属に反応するからとする説もある。旧約聖書でクジラに飲まれたとされるヨナは、実はサメに飲まれたのだという学者もいる。

　昔、ヨシキリザメの胃袋を調べていて、サメの胃から、ご飯、ラーメン、たくあんなどを発見したことがある。おそらく調査船の近くにいたサメが、船から投棄された残飯を食べたのだろう。漁具の破片などが出てきたこともある。サメは日和見的な捕食者で、近くにあり捕食しやすいものであれば選り好みせずに食す傾向があるようだ。

(2) プランクトンを食べるサメ
　プランクトンを食べる種類にはウバザメ、ジンベイザメ、メ

写真1-6　プランクトンを食べるウバザメ

　ガマウスザメなどのサメ類や，オニイトマキエイ（マンタ）など大型のエイ類がいる。3種のサメ類はいずれも5m以上の大きさになる種類である。これらのサメはいずれも大きな口をあけて遊泳しながら多量の海水を飲み込み，鰓にある櫛状の鰓耙とよばれる器官でオキアミなどの動物プランクトンをこしとって食べる。

　この捕食方法はオキアミなどを餌としている大型のヒゲクジラ類と類似している。ヒゲクジラ類は口にはえているクジラヒゲと呼ばれる櫛状の器官でオキアミをこしとるのに対し，ウバザメなどのプランクトン食性のサメは鰓にある鰓耙でこしとる。食べ方もクジラは大量の海水を一度飲み込んで，口を閉じてクジラヒゲの間から海水を吐き出すのに対して，サメは泳ぎ続けながら海水を鰓でこして餌を集める。そして鰓の鰓耙にあ

る程度の餌がたまると飲み込んで捕食していると考えられる。このようにサメ類，クジラ類に限らず大型の生物ほど，その体の成長と維持のために小型で大量に存在する餌生物を利用するようになるのは，興味深いことである。

(3) サメはなぜ鋭い歯をもっているか？

プランクトン食以外のサメは，イカやタコなどの軟体動物，エビ，カニなどの甲殻類，タイ，サンマ，マグロなど硬骨魚類，ほかの種類のサメ・エイの仲間など，種類によって小さなものから大きなものまで利用している。体の大きなイタチザメは海亀や海鳥を食べることが知られている。変わった例では空き缶，プラスチック瓶，石，海草，自動車のナンバープレートなどがサメの胃から見つかった例もある。

海底に生活しているサメはカレイやヒラメなどの底魚や底棲生物を食べている。このサメの仲間にはノコギリザメやオオセなどのひげがあるものがいて，ひげで砂に隠れている魚を感知してみつけることができるといわれている。またサメのロレンチニ氏器官も砂に隠れた魚の生体電流を感じ取り，魚を探すのに使われている。

サメはなぜ大きな顎と鋭い歯を進化の過程で発達させてきたのだろうか。サメの鋭い歯は数少ないチャンスに確実に肉片を手にいれるための適応なのではないだろうか。また鋭い歯は，鯨類や魚類の屍骸から肉片をかじり取るための適応とも考えられる。そう考えるとサメは俊敏なハンターというよりも，待ち伏せタイプ，あるいはハイエナのように腐肉を食べる掃除屋（ス

1-6 サメはなにを食べているのか？ 33

カベンジャー）としての特徴をもった生物のような気がする。

(4) 原子力潜水艦に噛み付いたサメ

　ダルマザメというサメがいる。アメリカの原子力潜水艦に噛み付いて事故を起こしたといわれているサメであるが、実は体長 40-60cm くらいの小型のサメである。英語名をシガーシャーク、あるいはクッキーカッターシャークという。ダルマ

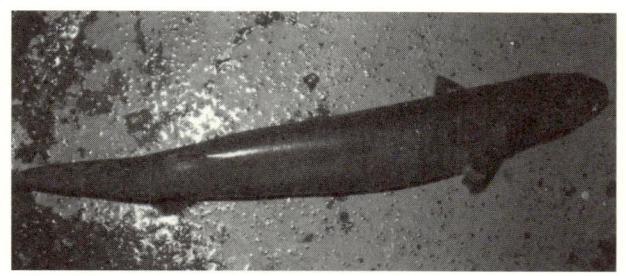

写真1-7　潜水艦もかじるダルマザメ

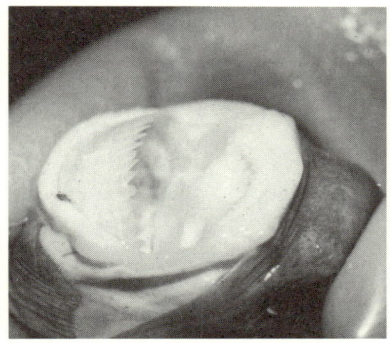

写真1-8　ダルマザメの飛び出す口

丸くクッキーのような形をしている。
写真1-9　ダルマザメの胃袋から
　　　　見つかったクジラの肉片

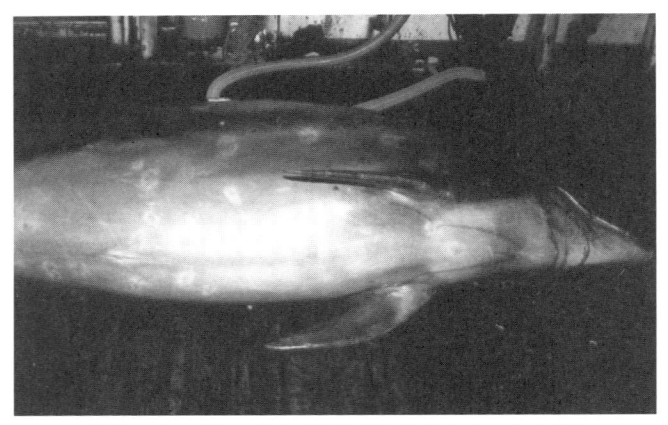

写真1-10　ダルマザメの咬み痕が全身についたクジラ

ザメは鼻先が丸く，各鰭は短く，全体にずんぐりとしたサメである。英語のシガーシャークというのは，葉巻のようなサメということで，日本語のダルマザメと同じように，この体型からきているのだろう。

　問題はクッキーカッターという名前である。このダルマザメは小型のサメなのに，クジラなどに忍び寄り，表皮をかじり取ることが知られている。このサメの下アゴの歯はカッターナイフの歯を横に並べたようになっており，捕食時は頭部をあげて下アゴを突き出すようにし，クジラの皮膚に歯をつきたてる。それから頭をひねるように一回転し，クッキーのような肉片をかじり取るのだ。かじり取られた部分は，スプーンでこそぎ取ったかのように直径5cmほどの円形の傷が付く。そう考えるとクッキーカッターとは，ずいぶん恐ろしい名前である。

このサメはクジラの他に，マグロ，カツオ，カジキなど，他の大型の魚も捕食することが知られている。魚市場に並んでいるマグロ，あるいはカツオに新鮮な丸い傷や，傷が治ったような丸い跡がついていることがあるが，ダルマザメの仕わざだ。小型のクジラの種類によっては，この傷の跡が無数に付いているものもいる。どうやら致命傷にはならないようだ。しかし，クジラの大きさから考えても比較的大きい傷なので，食いつかれたときは，さぞかし痛いだろうと他人事ながら同情する。

　話を最初にもどして，アメリカの原子力潜水艦でやられたのはソナーのカバーである。敵潜水艦や戦艦を音響で探索するソナーのゴム製のカバーがダルマザメにかじられたということらしい。サメにしてみれば，黒いゴム製のカバーがちょうどクジラの皮膚のようだったのだろう。

(5)　ダルマザメがうようよしている夜の海

　ところで，わたしはこのダルマザメを生きたまま捕まえたことがある。しかも1航海で60数匹と多量に捕まえた。調査で流し網漁船に乗船したときのことであるが，ダルマザメが網にかかり，甲板に多数あげられた。流し網の目合い（網目の大きさ）は180mm（網目のまわりの長さが360mm）であるので，両手の指で輪を作ったくらいの大きさである。ダルマザメはせいぜい500mlのペットボトルくらいの太さだ。流し網は魚が網目に刺さって，漁獲される仕組みなので，ダルマザメの胴の太さは，楽に網目をくぐれる大きさである。それなのに，こんなに多数のダルマザメが漁獲されたのは，想像であるが，網にかかっ

た魚を食べにきていたサメが，網を引き揚げるときに伸ばされて狭くなった網目に挟まれて，船まで上げられたのではないかと考えられる。その証拠に，そのときの航海で漁獲された魚には，ダルマザメにかじられた跡が多数ついていたし，船上に上げられたサメはほとんどが生きていた。操業は夜間だったので，深海に生息しているダルマザメは表層にやってきて，夜になって動きが鈍くなっているクジラやマグロなどの大型生物に忍び寄り，その皮膚をかじり取っているのだと考えられる。しかも大群で。そのときの調査では驚くほど，頻繁にダルマザメが網にかかって船上に上げられていたのを記憶している。

　幸運にも，生きて上がったダルマザメの生態をよく観察することができた。外見はサメにしては頭も丸く，眼も大きいのでディフォルメした漫画のような顔をしているが，実はカシュッ，カシュッと音をたてて映画のエイリアンのように盛んにアゴを突出させていた。また，尾をもって吊り上げると，体をくねらせ，手に食いつこうとした。漁師がかごに入れていたイカの上に放り投げると，体をひねって，一瞬でアカイカの体にクッキー大の穴をあけた。そのとき，これがこのサメの肉の食べ方なのだと理解したのであった。おそらく水中でも同じように一瞬でクッキーと同様な大きさの肉片をかじり取り，すばやく去っていくのであろう。小さくてもこんなサメがうようよいるような夜の海には，誰も入りたくないだろう。

(6) オナガザメは鞭を使ったハンター

　変わった形をしているサメが数種いるが，その代表例はシュ

モクザメとオナガザメだろう。オナガザメはマオナガ，ニタリ，ハチワレと世界に3種類がいる。どの種類も尾の長さが，全体の長さの半分くらいある。4mのハチワレの尾は2mくらいある。

　さて，オナガザメであるが，胴体と同じくらい長い尾は餌をとるために使われている。餌となる小魚の群れに近づいて，長い尾を振って小魚をたたき，気絶させて捕食していると言われている。この説の根拠となるのは，マグロ延縄で漁獲されるオナガザメの多くが尾に針がかかって漁獲されるからである。わたしも調査時に漁獲されたオナガザメのうちの半数近くが，尾に針がかかっていたのを覚えている。漁船でオナガザメを船上にあげると，尾を振って危ないことがある。オナガザメのなかには全長4m以上にもなるものがおり，尾も2mもあるので，たたかれるとかなり痛い。

　似たような生態を持つのがノコギリザメである。ノコギリザメは吻(ふん)がのこぎりのように長く伸びているが，これを海底の泥のなかに入れて振ることにより，小魚を気絶させて補食すると

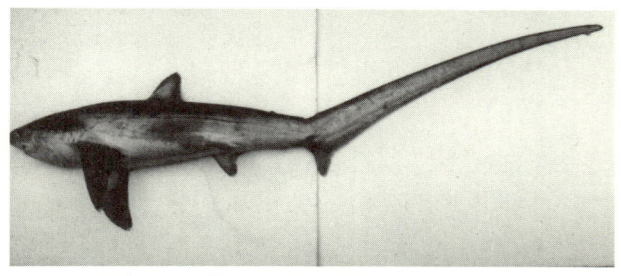

写真1-11　鞭のような尾をもったオナガザメ

言われている。硬骨魚類ではメカジキが長くて幅広い吻を持ち，ノコギリザメと同じように吻を横に振って小魚を気絶させ，捕食すると言われている。

(7) サザエ割りのネコザメ

ネコザメの捕食方法を歯の形態からみると，噛みつき－すりつぶし型であり，普通のサメのようなとがった歯を持っていない。ネコザメの歯は丸いタイルが敷き詰められたような形をしている。専門的には，前歯は補足型，側歯や後歯はいくつかの歯が癒合して歯板型となっている。前歯で獲物を捉え，後方で噛み砕いたり，咀嚼したりするのに有利な歯型である。ネコザメはサザエ割りの異名があり，この歯でサザエなどの貝類を噛み砕いて食べる。

写真1-12 サザエ割りの異名をもつネコザメ
(栗田 進氏提供)

第2章
サメの利用

広島県三次市のわに御膳
（中村雪光氏提供）

2-1 人間はどのようにサメを利用してきたのか

(1) 江戸時代のフカヒレ漁業

 江戸時代にサメ漁を営んでいた地域として肥前,肥後,筑前,豊後,紀州,駿河,常陸,長門,羽前などが知られている。漁獲したサメは干し肉あるいは肝油として利用されたが,江戸時代中期の明和年間(1764〜1772年)にフカヒレが長崎俵物のひとつに加えられてから,この価格が騰貴した。サメ漁の目的は当初,サメ肉(干し肉),肝油であり,次いでサメ皮だったが,フカヒレの中国向け輸出が開始されてからは,しだいにフカヒレ目的のサメ漁が盛んになった。

 サメ漁で先進的だったのは長門と豊後であった。もともと残渣にすぎなかったフカヒレに高い商品価値が付加され,サメ肉,

写真2-1　まぐろ漁船の船上でフカヒレを干しているところ

肝油などを目的としたサメ漁はしだいにフカヒレ目的のものへと移行していった。長門・豊後のサメ漁民は，フカヒレを求めて沖合へ，遠方へと出漁していくようになったのだった。

フカヒレは外洋性の大型のサメ，主にメジロザメ属やシュモクザメ属，アオザメなどのサメ類の胸鰭2枚，背鰭，尾鰭各1枚の計4枚を天日乾燥させたものである。その鰭の皮と輻射軟骨を取り除いた角質鰭条（ヒレの中の筋状の部分）が各種料理に用いられる。その起源は，中国の明代中期とされ，一部貴族階級に嗜好されていたが，つづく清代には各地に普及し庶民にまでおよんだ。日本のフカヒレ輸出開始は，ちょうど清国のフカヒレ普及時期にあたり，当初，いろいろな海産物のひとつとして輸出されていたが，明和元年（1764年）に干鮑（干しアワビ），海参（乾燥ナマコ），鱶鰭（フカヒレ）が俵物として交易されることになった。この時から俵物は干しアワビ，乾燥ナマコ，フカヒレの三品をさすようになった。

(2) 刀，武具，わさびおろしなどのサメ皮利用

食肉以外のサメの利用としては，皮，肝臓から抽出される肝油，背骨の関節から抽出されるゼラチン，コラーゲン，コンドロイチン硫酸などがある。気仙沼ではヨシキリザメの皮でハンドバック，ベルト，財布などを作り，製品として売り出している。第二次大戦中は原料の不足から，サメ皮が牛革の代用品として靴の原料に使用されたこともあった。しかし，サメ皮は強度不足や脱鱗の技術がむずかしいことから，当時量産には不向きであった。

見た目はサメというよりもエイの仲間で、カスザメ、コロザメなどの皮革は表面に細かい丸い突起があり、いぼいぼが付いたような模様だが、昔から武具の材料として使用されている。通称「カイラギザメ」と呼ばれ、甲冑の一部を構成する鉄板に貼り付け、刀の柄に巻きつけて装飾および滑り止めとして使用されている。中国でもサメの皮を剣の柄の飾りに使用しているので、あるいは中国伝来の利用方法かもしれない。

現代でもサメ皮は剣道の防具として、高級な胴の表面に貼られて使われている。最高級な胴はサメ皮とトラ皮で、サメ皮はいいのだが、トラの皮は古くなると毛が抜けて、胴を打ち込むと毛がとびちって大変なのだという話を聞いたことがある。またわさびおろしとして、おろし板に貼り付けているのもこの種類のサメ皮である。タイではスティングレイ（エイの仲間）の皮で作ったハンドバック、財布、ベルトなどの革製品を空港でお土産として売っている。

またサメ皮は「にかわ」の原料でもある。にかわというのは、獣や魚のゼラチンを主原料とした、昔の接着剤のことである。にかわの原料としての条件は、油脂をあまり含んでいないこと、大量に入手できることで、サメはタラなどと一緒に肉はねり製品、皮は「にかわ」原料として使用された。これらの「にかわ」は粘着用として使用されたが、化学合成接着剤の普及により、需要は大幅に減った。

サメの皮は料理の「にこごり（煮凍り）」の材料としても使われている。作り方は、まずサメ皮に熱湯をかけて表皮のザラつきをたわしでこすり落とす。それから、皮を細切りにする。

この皮を酒，しょう油，みりんで味付けした煮汁につけて，2，3度煮立てて火からおろし，冷めたころに型枠に入れて冷やす。冬の酒の肴として珍重されている。

(3) スクワレン

サメの肝臓にはスクワレンという高度不飽和脂肪酸で，分子量が多いため低温でも凍結しにくく，さらさらとした油が含まれている。このスクワレンを含んだ油は，戦争中は戦車や航空機の不凍液および潤滑油として使用された。また女性用の高級化粧品の原料としても使用されている。このスクワレンを発見したのは日本人で，明治の終わりから大正年間にかけて活躍した油脂工学の辻本満丸博士である。辻本博士は，大正5年にサメ肝油中の不飽和炭化水素に関する研究を発表した。そのなか

写真2-2 肝臓からスクワレンが抽出されるウバザメ

でこの炭化水素がツノザメ科（Squalidae, スクアリデー）の サメの肝油中にもっとも多いこと，その組成が $C_{30}H_{50}$ であることを明らかにし，「スクワレン(Squalene)」と命名した。この実験に使われたサメは，静岡県由比町で漁獲されたアイザメだったそうである。

　スクワレンに水素を加えたスクワラン（$C_{30}H_{62}$）は，マイナス60度近い低温でも固まらない。ここに当時の日本帝国陸軍が注目した。満州で戦車を厳寒期に使用するときに，エンジンが始動しても，潤滑油が凍って発進できない場合があるからだった。海軍も太平洋戦争後半に高高度で侵入する米軍の爆撃機B29などを迎撃する「雷電」などの戦闘機のエンジンの潤滑油として注目していた。このため陸軍はスクワレンからの耐寒性潤滑油の製造を，当時の農林水産試験場（現在の水産総合研究センター）に依頼した。水産試験場では工業生産のメドをつけ，一般工場で深海ザメから抽出したスクワレンに水素を添加してスクワランとして製造した。かなりの潤滑油が製造されたようである。

　また，日本ではスクワレンを世界で初めて化粧品に使用した。その先鞭をつけたのは大手デパートの三越である。太平洋戦争末期には，女性用化粧品は姿を消してしまっていた。終戦後，少しずつ生産が再開されるなか，三越は独自に化粧品を製造する方針を決定，化粧品工場を設立した。スクワランの性質である伸びの良さ，無味，無臭，保香性，低揮発性，皮膚への浸透性の良さなどが化粧品の添加物としてぴったりであることに目を付けた三越は，昭和22年，化粧水，口紅などスクワランを

使用した化粧品の開発に成功したのである。昭和30年代になると，台所用洗剤の販売が開始され，主婦の手あれに対する不満の声が高まった。そこで三越は，スクワランを添加したと思われる100円のハンドクリームを販売したところ，こちらも手あれに効くということで評判になったそうである。

　国内の大手化粧品メーカーがスクワランを使い出したのは，昭和34,35年からといわれている。化粧品メーカーでは，クリーム，ファンデーション，ヘアクリーム，香油類，紅，まゆずみ類の順でスクワランを使っており，そのなかでもクリーム乳液への使用量が最も高いといわれている。メーカーでは高級品はスクワラン，一般商品は流動パラフィンと使い分けているそうだ。欧米のメーカーでもスクワランを使用しているメーカーがあるようだが，使用量は日本のメーカーにはおよばないということである。この辺のいきさつは『サメ肝油健康法』に詳しいので，興味のある方には，一読をお勧めしたい。

(4) 肝油ドロップ

　昔，小学校で子供のビタミン補給用として配布された肝油ドロップというものがあったが，あれにはタラや深海ザメの肝臓から抽出したビタミンAが含まれていた。サメ類のうち，スクワレンを含むサメはビタミンA，コレステロールを含まず，逆にこれらを含むものはスクワレンを持たないようだ。ビタミンA，コレステロールを持つサメとしては，シュモクザメ，ヨシキリザメ，アブラツノザメなどがある。

　このようにサメを肝油の成分から大別すると，スクワレンを

含むサメの代表は深海ザメで，ビタミンAを含む代表は浮きザメということになる。少ないながら例外もあり，カエルザメは深海ザメでありながら，スクワレンとともに大量のビタミンAを肝油中に含んでいるようだ。また，ウバザメは浮きザメでありながら，多量のスクワレンを肝油中に含んでいる。ただし，ウバザメの生態は不明な部分も多く，かつては冬に深海で冬眠するといわれていたので，その生態に深海ザメ的な要素を持っているのかもしれない。

(5) サメ軟骨

サメの軟骨からはコンドロイチン硫酸が抽出され，目薬，関節痛予防薬，栄養ドリンクなど多岐にわたって利用されている。原料としてはヨシキリザメの軟骨，なかでも胸鰭の軟骨が最も良質だそうだが，最近は原料不足でアオザメなど他のサメの残滓までも使われているようだ。コンドロイチン硫酸は医療品の原材料として需要は高まっているが，天然のものなので調達が難しく，サメ軟骨のほかに軟骨でできている豚・牛の器官をEU・中国・アメリカから輸入していた。BSE問題（BSE；牛海綿状脳症）が大きくなりはじめてからは牛が使えなくなり，ほ乳類では豚がメインとなり，軟骨の乾燥粉末で輸入されるケースが増加しているようだ。最近はサメの骨の粉末が制ガン剤として一時注目を集めた。

2-2 サメ料理

　サメ・エイ類はFAO（国連食糧農業機関）の統計によると年間に80万トンも世界で食糧として利用されている。古くなるとサメ肉はアンモニア臭が出てくるが，実は日本でも毎年約3万トン近くのサメが食用にされている。これは国民1人あたりおよそ300gのサメを毎年食べていることになる。皆さんにサメを食べている自覚はあるだろうか。一番先に頭に浮かぶのはフカヒレだろう。しかし，フカヒレの消費は量的にはそれほどでもなく，最も多く利用されているのはすり身である。原料になるのは主にヨシキリザメ。きれいな白いすり身である。高級はんぺんの原料としては，ヨシキリザメが一番といわれている。有名な仙台のお土産である蒲鉾などにも使われているようだ。

　その他にも，サメの骨からとれるゼラチンは煮凝りやゼリーの材料に利用される。特にBSE問題以降は，ゼラチンの原料としては輸入されている豚臓物とならんで，ヨシキリザメの背骨は重要な原料のようだ。さらに，北海道から東北にかけて，ホシザメの肉は「ぬた」と呼んでいる酢味噌和えにして食べるし，アブラツノザメは煮付けや焼きザメに，長崎ではオオセやナヌカザメを湯引きにして食べている。なかには山陰地方でサメを「ワニ料理」と呼んで地域の名物にしているところもある。

(1) サメの町，気仙沼
　宮城県気仙沼市は，サメの町として知られている。また遠

洋漁業の基地でもある。気仙沼で水揚げされるサメの量は，年間で2万トン近くあり，日本全体のサメ水揚げ量のうち，7割から8割を占めている。気仙沼では，近海延縄漁業がターゲットにしているメカジキの農閑期に，裏作的にサメを漁獲している。100トン未満の近海延縄船が1週間から2週間の航海で外洋表層性のサメであるヨシキリザメ，ネズミザメ，アオザメなどを漁獲している。

このなかでも特徴的なのはネズミザメで，気仙沼ではモウカあるいはモウカザメと呼ばれる。モウ

アオザメ（上段）とネズミザメ（中段，下段）。
写真2-3　気仙沼港に水揚げされるサメ

カは漢字で「毛鹿」と書き，腹に黒斑がありだんだら模様なのが鹿の皮に似ているからだといわれている。モウカことネズミザメはホホジロザメの仲間で顔がネズミに似ているので，ネズミザメと呼ばれている。体は紡錘形で太い。気仙沼では，ネズミザメの水揚げの時に表面に血を塗りたくる習慣があるが，これはサメを新鮮に見せるためといわれている。血まみれのネズミザメが市場にごろごろと並んでいる風景は，なかなか壮観である。ネズミザメは現地で消費される量はそれほどでもなく，主に北関東に陸送される。東京でも，魚屋さんで「サメ」と書いてあるネズミザメの切り身が，売られていることがある。

(2) モウカの星

気仙沼では市をあげて「サメの町」をアピールしている。気仙沼の名物のひとつにフカヒレがあるが，フカヒレの生産も日本一である。町には「フカヒレラーメン」があふれている。もうひとつの名物は「モウカの星」である。

モウカの星のモウカはネズミザメのこと，星は心臓の意味で，気仙沼名物のネズミザメの心臓を刺身にして，酢味噌で食べる料理のことである。ネズミザメの心臓は大きく，終始動いている部分なので赤身で魚の肉というよりは畜肉に近い感じだ。さしみよりは歯ごたえのある食感だが，味は比較的あっさりしている。自分で作る場合は血抜きをよくしてから，表面の皮をむいて刺身にする。十分に血抜きをしないと，血の味がしてうまくない。

50 第2章 サメの利用

(3) 山陰のワニ料理

　山陰の民話である「因幡の白ウサギ」では，ウサギがワニをだましてその背中をわたっているうちに嘘がばれ，ウサギは皮をむかれて赤裸，そこへ大国主の命(みこと)が通りかかって痛みに泣くウサギを助ける，という話であるが，このワニというのは，山陰地方の方言でサメのことを意味する。それで山陰地方のワニ料理というのはサメの料理のことであるが，ワニ料理が有名なのは海岸地方ではなくて山のなかだということだ。どうもサメ肉に含まれる尿素が，腐敗を遅らせる効果があるようで，昔から山間部の冬のタンパク源として海から運ばれて利用されてい

　　　上段左から漬け物，わにの皮の湯引き，南蛮漬け，フライ，ワニ飯(炊
　　き込みご飯)，湯びき酢みそ和え，刺身(マオナガ)，吸い物。
　　　　　写真2-4　広島県三次市のわに御膳(中村雪光氏提供)

たらしい。同じような利用方法は東北の三陸地方でもあり，こちらも昔から山のなかでサメの肉が利用されていたようである。海のものを山奥で利用する例は，山梨県の「アワビの煮貝」なども有名である。

　ところで，山陰のワニ料理で有名なのは島根県との県境に近い広島県の三次市である。ここの三次市場ではニタリ，マオナガなどのオナガザメ類，またアオザメなどが取引きされているそうだ。市内で出されているワニ料理フルコースの内容は，サメの刺身，サメの湯引き酢味噌和え，フライ，南蛮漬け，皮の湯引き，わに飯に吸い物，漬け物付きだそうだ。

(4)　カスベの煮付け

　カスベとはエイのことである。ガンギエイ科のエイの総称だ。エイも軟骨魚類でサメの仲間である。カスベの煮付けは北海道や青森県，秋田県，山形県などの郷土料理である。ヒレといえどもけっこう肉厚で，コリコリした歯触りの軟骨も食べられ，一晩置くとできるゼラチン質の"煮こごり"がまたおいしい。唐揚げやてんぷらも美味である。ガンギエイがどうして「カスベ」と呼ばれているのだろうか。これは「どう調理してもおいしくない"魚のカス"」という意味が語源とも，アイヌ語でガンギエイを指す「カスンペ」に由来するともいわれている。このカスベ，フランスでは高級食材で白ワイン蒸しやムニエルにして食されるようだ。そういえば，最近は日本でも高級魚になってきたようである。

(5) 棒サメ

アブラツノザメは，日本海北部や太平洋岸の常磐以北で，底引き網により漁獲される最大 1.2 m くらいのサメである。棒サメとはアブラツノザメの皮を剥いた製品のことで，「むき鮫」とも呼ばれる。これを焼いたものが「やき鮫」である。アブラツノザメはさまざまに利用され，青森の地元業者が小売用パック「さめの煮つけ」を製造し，インターネットでも販売している。そのほか頭部は煮こごりの材料となる。しかし，このような伝統食であるサメ料理も，若い世代にはなかなか人気がないようで，近頃の地元の主婦はサメをさばけないとの声も聞こえるようである。

(6) サメの湯引き

長崎ではオオセ，ナヌカザメ，カスザメ，コロザメ，ホシザメ，ネコザメなどのサメをぶつ切りあるいは切り身にして湯引きにして食べる。湯引きとは魚肉に熱湯をさっとかける料理法である。湯引きにするとサメのアンモニア臭さが緩和されて，白く淡泊な肉になる。これを酢味噌でいただく。あっさりとして美味である。

コラム　サメ肉のアンモニア臭さ

いろいろな用途で使用されているサメ肉だが，特徴的なのは古くなるとアンモニア臭がしてくることである。この原因はサメ肉が普通の魚と違い多量の尿素を含んでいるからである。サメ・エイ類は餌の最終代謝生産物のひとつであるアンモニアを尿素とトリメチルアミン

オキサイド（TMAO）に変える。そして体外に排出するだけでなく，その一部を再吸収し，浸透圧調整に使っている。それで鮮度が落ちてくると，筋肉中の尿素と TMAO がアンモニアとトリメチルアミンに変化し，臭いにおいの原因となるわけである。

2-3　伝統的なサメねり製品

　かまぼこ，ちくわなどのねり製品の歴史は古く，起源は室町時代頃だといわれ，室町時代，安土桃山時代などの文献に蒲鉾，蒲穂子として記載されている。その製法は魚肉に食塩を加えてすりつぶし，竹串に練りつけて焼くという方法で基本的には現在でも変わらない。その形が蒲の穂に似ていることから，かまぼこ（蒲鉾）といわれるようになったという。すなわち今日のちくわが蒲鉾の原型である。かまぼこは当初，宴会用の食べ物であったらしいが，江戸末期には商品化されるようになった。
　ねり製品には鮮魚として価格が低い魚，鮮度が落ちたものも利用できる。また他の魚肉と混ぜたり，調味料などの添加物を加え，品質を変えることもできる点が特徴である。よいかまぼこは「足」と呼ばれる強い弾力性をもっており，これが原料の魚を選ぶ場合に重要である。サメの肉質は上等とはいえないが，足の強さにすぐれているところから，幅広くねり製品に使用されている。使用されているサメの種類は，ヨシキリザメ，ホシザメ，アオザメ，シュモクザメ，オナガザメ，カスザメ，アブラツノザメなどである。ねり製品として使用される場合，他の魚肉を混ぜて使用されることが多い。ねり製品は蒸す，焼く，

煮る，油で揚げる，燻製にするなど，その加工方法でさまざまな製品に分けられる。以下にさまざまなねり製品を簡単に解説してみよう。

(1) かまぼこ，ちくわ

かまぼこには杉板などにすり身を半円形に塗りつけたものを水蒸気で加熱した「蒸し板」と，焼き上げた「焼き板」がある。蒸し板は関東，焼き板は関西で多いようだ。仙台の名産である「ささかまぼこ」は，すり身を木の葉状にして焼き上げた製品である。こぶ巻きかまぼこは富山県の名産で，すり身を昆布で巻いて蒸したものである。

ちくわは竹輪と書き，もともとは竹の棒にすり身を丸く練りつけて焼いたものである。もちろん今日では鉄串にすり身をつけ，コンベアーによって炉の上を回転移動させ4，5分で焼き上げる工業製品が主流である。原料はかまぼこに比較して安いものを使用し，スケトウダラ，グチ，エソ，シタビラメなどのほかにサメも多く使用されている。焼きちくわのほかに，蒸しちくわ，揚げちくわが西日本各地で生産されている。

(2) はんぺん，なると

はんぺんは白色のねり製品でスポンジのようにふっくらとしている。これはサメやかじきのすり身にすりおろした山芋を加え，よくあわ立ててから煮て製造する。あわ立ての際，気泡を十分含ませることが，良いはんぺんを作るうえで重要である。ヨシキリザメ，シュモクザメ，オナガザメ，アオザメ，ホシザ

メなどのすり身が原料として使用される。特にヨシキリザメのすり身は高級はんぺんの原料である。

　なると，あるいはなると巻きは，鳴門のうずしおがその語源だろうか。ラーメンがシナそばといわれていたころの具の定番であったが，最近はあまり見なくなった。白いすり身に赤く着色したすり身を渦巻き状に巻き込んでゆでて製造する。現在は全国的にも静岡県の焼津でのみ製造されているらしい。原料はサメ類のほかにスケトウダラ，キグチなど比較的価格の安い魚を使用する。

(3) さつま揚げ

　さつま揚げはすり身を油で揚げた「あげかまぼこ」の一種である。関東でさつま揚げ，関西ではてんぷら，鹿児島県ではつけ揚げという。すり身に野菜の細切りなどを混ぜたものや，ゴボウ，卵，エビなどを巻いたものも多い。つくる形や混ぜるものによりバリエーションが豊富で，角てん，丸てん，ごぼう巻き，いか巻き，ばくだんなどの種類がある。そのまま食べるほか，おでんだねなどにも使用されている。原料としてはアオザメ，アブラツノザメ，ヨシキリザメなどが最も多く使用されていたが，原料不足により，タチウオ，アジ，グチ，カナガシラなども使用されてきた。ねり製品の原料はその時々の漁価を反映して大きく変化している。

(4) 魚肉ハム，ソーセージ

　魚肉ハムは，魚肉に調味料などを加え，1-3日塩漬けにした

後，つなぎ肉を入れて型に充填し，密封のまま煮るか蒸して製造する。魚肉ソーセージは魚肉をミンチにして香辛料，油脂，調味料を加えて，煮るか蒸す。

魚肉ハムが初めて製造されたのは昭和11,12年ころである。当初，原料にはマグロが使用されたが，保存の面で難点があったため，製品化にはいたらなかった。戦後，昭和29年には魚肉ハム・ソーセージ約3,000トンが生産された。この魚肉ハム・ソーセージの生産は年々増加し，原料としてマグロ，カツオ，クジラ，カジキなどが使用され，ねり製品としての「足」の強さからアオザメ，メジロザメ類などがつなぎ用として用いられた。ただし，足の強い魚の割合を増やすとかまぼこ状の弾力を持つそうである。

その後，マグロなどの赤身肉は，他の需要が増加し，大量確保が難しくなってきたので，スケトウダラの冷凍すり身など，価格の安い魚を原料として使用するようになった。

2-4 世界におけるサメの利用

サメは人間の食料としての側面も大きく，世界中で利用されている。FAOの統計によると，サメ・エイ類は年間に80万トンも世界中で利用されている。日本のサメ・エイ類の漁獲量は2-3万トンであるから，日本以外でも世界中でずいぶん利用されていることになる。

FAOの漁獲統計から1990年から2001年までのサメ類の主な漁業国の漁獲量を表2-1にまとめた。近年はアジアの国々がサメ類の漁獲量を増やし，インドネシアが7-12万トン，イ

成山堂書店の出版物をご購読いただき，ありがとうございました。
これからの出版企画などの参考に，ぜひ，貴方様のご意見をお聞かせください。
なお，ご意見などご記入のうえ，お送りいただいた方には，抽選で図書カード
（500円分）をお送りいたします。

1．本書をどのようにしてお知りになりましたか
　a 書店などで実物を見て　b 広告を見て（掲載紙名　　　　　　　　　）
　c 小社からのDMで　　　d その他（　　　　　　　　　　　　　　　）

2．ご購読いただいたきっかけは
　a タイトルにひかれて
　b 内容に興味をもって
　c 広告・書評などを見て（掲載紙名　　　　　　　　　　　　　　　　）
　d その他（　　　　　　　　　　　　　　　　　　　　　　　　　　　）

3．本書の利用目的は
　a 教科書・業務参考書として　b その他（　　　　　　　　　　　　）

4．どこで購入されましたか
　a 書店で　b ホームページから　c 小社に直接注文して

5．本書の価格はいかがですか
　a 安い　　b 適当　　c 高い

6．本書の装丁（デザイン・製本様式など）はいかがですか
　a よい　　b 適当　　c わるい（要望など　　　　　　　　　　　　）

7．本書の内容などはいかがでしたか（ご意見をお聞かせ下さい）

　　　　総合評価（5段階）：良い ← 5　　4　　3　　2　　1 → 悪い

8．その他ご意見・今後に出版を望む本

ご協力ありがとうございました。
（お知らせいただきました個人情報は，小社企画・宣伝資料としての利用以外の目的には使用しません。）

郵便はがき

1 6 0 8 7 9 2

8 7 7

料金受取人払

新宿局承認

146

差出有効期間
平成20年2月
29日まで

（受取人）

東京都新宿区南元町4の51
（成山堂ビル）

㈱成山堂書店

||||.||...||...||..|||..||..||||..|..|..|..|..|..|..|..||..|..||

「ベルソーブックス028
　海のギャング サメの真実を追う」担当 行

(19.2)

おなまえ			
	年齢　　歳　ご職業		
ご住所（お送先）（〒　　－　　）			
			1．自　宅 2．勤務先・学校
お勤め先（学生の方は学校名）			
役職名（学生の方は専攻部門など）			
Eメールアドレス（情報配信希望の方のみ）			
図書目録（無料）　　送付希望　・　不　要			
よく読む新聞（　　　　　　　）よく読む雑誌（　　　　　　　）			
お買い上げ書店名　　　　　市　　　　町　　　　　　書店			

表2-1 世界のサメ主要漁業国の1990年から2001年の間の
サメ・エイ類漁獲量 (出典：FAO，単位千トン)

	インドネシア	インド	台湾	パキスタン	スペイン	メキシコ	アメリカ	日本	その他	合計
1990年	73	51	76	40	14	45	35	32	326	692
1991年	77	56	69	45	15	41	36	33	342	713
1992年	80	60	65	46	10	43	54	38	332	728
1993年	87	77	56	46	12	44	38	39	344	742
1994年	93	84	39	50	21	43	38	34	355	757
1995年	98	77	44	50	24	43	38	31	357	763
1996年	94	132	41	51	19	45	52	24	355	815
1997年	96	72	40	48	99	36	40	29	369	830
1998年	111	75	40	54	67	37	45	34	358	820
1999年	108	77	43	55	67	35	38	33	378	835
2000年	114	76	46	51	82	35	31	32	390	857
2001年	119	73	42	49	69	33	22	28	390	825

ンドが5-13万トン，台湾が4-8万トン，パキスタンが4-5万トンである．アジア以外では，メキシコ，アメリカ，スペインがこれについで，メキシコが3-5万トン，アメリカが2-5万トン，スペインが1-10万トンである．これらの国が主要なサメ漁業国になる．これ以外にも，イギリス，フランス，ブラジル，アルゼンチン，韓国，フィリピン，中国，ニュージーランドなども1万トンから2-3万トンを超えるサメ・エイ類を利用している．

さて，これらの国ではサメ・エイ類を，どのような形で利用しているのだろうか．アメリカではかつては肝油原料としての漁獲も多かったようであるが，今では高級シーフードレストランなどで，オナガザメやアオザメの肉がステーキとして利用さ

れている。オーストラリアやニュージーランドでは，有名なフィッシュ・アンド・チップス（魚の切り身とポテトのフライ）の原料として利用されている。スペインも一大サメ消費国である。近年ヨシキリザメ漁業を急激に発達させており，首都である内陸のマドリードでヨシキリザメの肉で作ったフライを食べることができる。フランスはサメよりもむしろエイ類の消費が多いようである。イタリアもアオザメの肉を輸入している。ドイツではアブラツノザメのハラス（腹部の肉）の燻製が珍重されている。

　アジアでは韓国がエイを発酵させた食品を珍重していると聞く。台湾ではいろいろなサメが利用されているが，特に近年はジンベイザメの肉が「豆腐鮫」といわれて滋養強壮に良いと人気である。アジア・アフリカなどの冷凍設備があまり発達していないところでは，塩蔵品や乾燥品としてサメ肉が流通している。スリランカの高原の町キャンディに行ったことがあるが，そこでも乾燥したサメ肉が市場で売られていた。用途を聞くとカレーに入れるとのことであった。このようにサメ・エイ類は世界中で利用されているし，特に有名な料理のないところでも，ビーフジャーキーのような干し肉として，あるいは他の魚と同様な調理方法で利用されている。また近年は世界中のいたるところで，フカヒレを採る目的でサメが漁獲されている。

第3章
サメを数える

ドタブカをこわごわ覗き込む子供たち

3-1 サメはどのくらい生きるか？

　北の海に棲むアブラツノザメはサメの中でも長寿命とされている種類で，70年以上生きるとする説がある。背びれの棘を使って年齢を推定した結果，76歳と査定した研究報告もある。またイコクエイラクブカでは33年前と34年前に標識放流したサメが捕まったことがあり，それぞれ53歳と41歳だろうと推定されている。このように書くとすべてのサメが長く生きるようであるが，沿岸の小型のサメや外洋に棲む大型のサメのなかには，トラザメやヨシキリザメのように寿命も大人になる年齢も短く，成長の早い種類も知られている。

(1) どのように年齢を調べるのか？

　ニュースなどで日本の人口の増減に関する話題が出ることがある。この人口の増減を予測するためには日本人の年齢構成を知ることが不可欠である。同じように魚の資源量を精度よく調べるために，年齢構成を知る必要がある。しかし，人間と違って戸籍などの出生情報のないサメの場合，どのようにして年齢を調べるのだろうか。魚の年齢を調べる方法には飼育法，標識再捕法，年齢形質法などがある。

　飼育法は魚を飼って，成長を直接的に調べる方法である。飼育魚は天然のものよりも餌条件などが良く成長が早いため，成長を過剰に見積もる傾向がある。標識再捕法は天然の魚を捕らえて標識をつけて放流し，再び捕まったときまでの成長を調べる方法である。年齢形質法は鱗や耳石（体の平衡感覚を感じと

る内耳内にある石，平衡石とも呼ばれる），脊椎骨などに刻まれる成長のしるしを読み取る方法であり，硬骨魚類では鱗や耳石がよく用いられる。

サメの鱗は硬骨魚類のコイやタイのような丸くて平たい円鱗ではなく，扁平で棘がある盾鱗と呼ばれる鱗であるし，耳石は平衡砂といわれる砂のような物質なので，年齢査定にはもっぱら脊椎骨が使用される。また，ツノザメの仲間では背鰭にある棘が使われるのが一般的である。サメの脊椎骨の結合組織を取り除いてきれいにすると，細かな同心円状の模様が見える。この同心円に粗密があって，少し離してみると，細かな輪紋が集まり幅のある規則正しい同心円になっている。これをちょうど木の年輪のように数えるのである。ツノザメの棘を切断しても同じような年輪が見える。

(2) 76歳のサメ

この脊椎骨や棘を使ってさまざまなサメの年齢査定が実施され，多くの種類で年齢と成長が推定されている。その結果，沿岸の小型なサメは比較的成長が早く，2-3年で成熟することがわかった。また外洋のサメ類は5-6年から7-8年で成熟する種類が多いこともわかった。しかし，沿岸性の大型のサメでは，成熟に20年以上もかかると考えられている種類もいる。寿命もさまざまで，北の海に棲むアブラツノザメでは，背鰭の棘を使って年齢を推定した結果，76歳と査定した研究報告もある。

(3) サメの年輪を読む

　私がサメを研究対象とするようになって最初の仕事は，ヨシキリザメの脊椎骨を染色して年齢査定を行うことだった。サメの脊椎骨にある年輪状の模様をつかって年齢を知ることができるのは，夏と冬で骨に沈着するカルシウムの量が違うからである。餌が多く栄養の豊富な夏は餌から摂取するカルシウム量が多く，冬は少なくなる。それで，硝酸銀という写真の現像にも使う薬品を骨に定着させると，カルシウムの多い部分が濃い黒に，少ない部分が薄く染まる。この原理を利用して，サメが生まれてから過ごした季節の数を数えるわけである。

　別の方法ではサメの脊椎骨を縦に半分に切って断面を調べる方法もある。これは実体顕微鏡で観察できるように薄くスライスするので，切片法とも呼ばれる。だんだん慣れてくると，サ

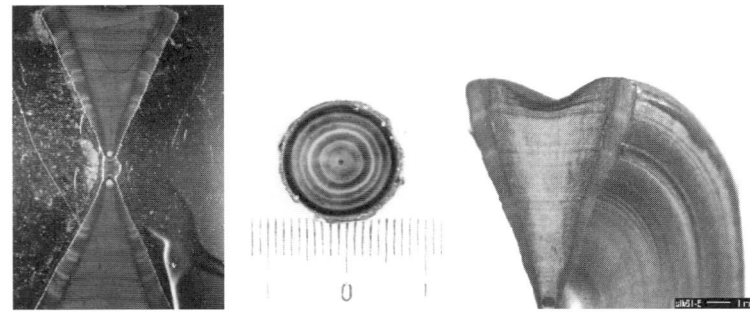

それぞれに輪紋が見える。
写真3-1　年齢査定に用いるサメの脊椎骨椎体の切片（左），硝酸銀染色（真中），半分に切ってアリザニン染色し，断面と椎体表面を写し込んだもの（右）。

3-1 サメはどのくらい生きるか？

メの脊椎骨の表面には，細かな凹凸があり，これが同心円状の模様を形成していることがわかってきた。そして，この同心円の盛り上がっている部分が成長の早い夏で，へこんで密な部分が冬だとわかった。最近では，染色や，切片標本を作る手間がかかる方法よりも，脊椎骨に光を当てその影のでき方から，表面のでこぼこを読みとる方法を提唱している。このほうがずっと簡単で実用的だと考えるからである。

このサメの年齢査定法の欠点は，年齢だとしている同心円が本当に年齢に対応しているのか，その証明が大変なことである。この同心円が本当に1年に1輪できるのか，証明するために使用されるのが，オキシテトラサイクリンと呼ばれる化学物質である。これは養殖魚の病気予防にも使用された抗生物質であるが，骨に沈着し紫外線を当てると蛍光を発する性質がある。そこでサメに注入し，しばらくたってからその脊椎骨を調べると，蛍光を発している箇所から骨がどれだけ成長したかがわかるのである。たとえば，テトラサイクリンを注入したサメを2年後に捕まえてその脊椎骨を調べた結果，同心円状の模様が印の後に2輪できていたら，この模様は1年に1輪形成されることになる。このように，野生のサメの年齢を調べるわけである。

次の問題は，野生のサメにどのようにしてテトラサイクリンを注入するかである。野生のサメに注射をする間じっとしていてくださいと頼むわけにもいかない。アメリカでは小型のボートでサメを釣り上げて，デッキの上で注射器を使いテトラサイクリンを注入しているようである。ところが，マグロ延縄で獲れる外洋のサメは，なにしろ大きく，2mオーバーはざらで，

デッキに上げるのも，そこで押さえつけることも危険である。そこで，釣り上げて船に寄せたら，サメが海の中にいる状態でテトラサイクリンを注入し，放流する方法を考えた。

　調べてみると，カリフォルニアにあるマグロの国際管理機関，全米熱帯まぐろ委員会でカジキにテトラサイクリンを注入する装置を開発していたことがわかった。その装置は銛の先に針が2本出ているような構造で，片方の針が注射に，もう片方の針が標識放流用のタグを打ち込む針になっていた。これは優れものだと，さっそく真似をして同じような器具を作ったのであるが，サメの皮が硬くて，針が2本出ていると，うまく刺さらず，サメ用としては実用化はできなかった。結局，自分で作るしかないと考えて，注射タイプをあれこれ作ったが，うまくいかなかった。そこで風邪薬などで服用するカプセルに薬を入れて，直接サメの体内に挿入する方法を考えた。さらに発展させて，銛先にカプセルを入れ，銛先をサメの体内に残してカプセルがサメの体液で自然に溶けていく方法を考えた。

　この方法はうまくいった。最終型は図3-1で示したように銛先がパイプに刃をつけたような形になっている。このパイプ部分に水に溶いて粘りのあるペースト状にしたテトラサイクリンをつめて乾燥させると，かたまって落ちない。それで，そのまま打ち込むと，サメの体内で薬剤が溶け出して吸収される仕組みになっている。これは非常にうまくいったので，特許として登録されている。

　ただ，最近あらたな問題が出てきたのは，テトラサイクリンが食品衛生上の問題で使用できなくなったことである。食品衛

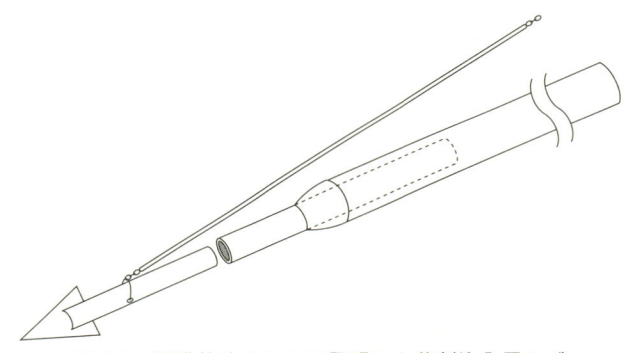

図3-1 標識放流のために発明した薬剤注入用タグ
（特許を取得）

生法では魚介類は抗生物質を含んではいけないことになっているが，テトラサイクリンは抗生物質であり，短期間で再捕された場合は残留基準を越える可能性がある。しかし，人体に無害で，テトラサイクリンと同様な性質を持った薬剤はあるので，現在はテトラサイクリンに代わる薬剤を探している最中である。この放流試験が大々的に行われれば，世界中のサメの年齢が簡単にわかる日が来るかもしれない。

3-2　サメを追跡する

　サメはどのようなところに棲み，どのようなものを食べ，どのような生活をしているのだろうか。そんなサメの生態を調べるために，サメの行動を追跡する方法がある。海の中のサメを追跡する方法としては，直接サメを追跡する超音波標識法，衛星を使った追跡法のほか，間接的な方法として標識放流法，自記記録式標識を使った方法などがある。

標識放流法とは、その名のとおりサメを捕まえて標識をつけて放流し、もう一度捕まえたときに標識を回収するとともに、その場所、体長、体重などを記録する方法である。放した場所から再び捕まえた場所までの移動、その間の成長などがわかる。比較的簡便で安価にでき、魚類に対してよく使用されている方法である。

超音波標識を使った追跡法とは、サメに超音波を発信し続ける標識（ピンガー）を装着し、船の底にとりつけた水中マイクを使ってサメのいる方向を確認しながら船で追跡する方法である。数日単位の細かな行動がわかり、生息水深、日周行動などを調べるのに用いられる。ただ、この方法はサメにピッタリと張り付いて追跡する必要があり、実施にはマンパワーや資金面で多大な労力を必要とする。

衛星を使った追跡法は、サメに衛星発信機をつけて放流する方法である。この発信機はサメが浮上したときに衛星に位置情報、それまでの時間経過にそった水深、水温情報などを発信する。発信した情報は、衛星経由で陸上局に報告される。現在では、陸上局からサメの位置がインターネット経由で刻々と知らされるようになっている。

またポップアップ式標識というものがある。これはICチップを内蔵した標識をサメに装着し、一定の時間（数週間から数か月くらい）がたった後、標識が自動的にサメから分離し、海面に浮上してからICチップに記録した位置、水深、水温あるいは腹腔内温度などの情報を衛星に送信する。一方、自記記録式標識は、ICチップの入った標識をサメに装着して放流し、

漁業などなんらかの方法で回収し，ICチップに記録された時間，水深，水温などの情報をコンピュータで読み取るものである。この方法は標識を回収しないとデータが入手できないので，回収の見込みがつかない場合は使用できない。

(1) サメの標識放流

サメの標識放流に関して，北西大西洋で30年以上も頑固に続けられている研究がある。この研究は，アメリカのニューヨークの近く，ケープコッドのナラガンセットにあるアメリカ政府の水産研究所で実施されている。その研究所では自ら船にのってサメに標識を打ちに行く方法のほかに，アメリカでは大物釣りのスポーツフィッシングが盛んなので，その参加者に呼びかけてサメに標識を装着し，放流してもらっている。この調査プロジェクトでは年間1万匹以上のサメに標識を付けて放流する。

その結果，北大西洋における外洋性のサメ類の回遊がわかってきた。北大西洋にはメキシコ湾流といって，太平洋における黒潮のような暖流が，アメリカ大陸のメキシコ湾あたりから，ヨーロッパ側のイギリスあたりにかけて流れている。アメリカのナラガンセット研究所の研究結果によれば，ヨシキリザメやアオザメなどの外洋性サメ類は，メキシコ湾流にのってアメリカ大陸側からヨーロッパの方向へ回遊し，それから南下，再びアメリカ大陸側に戻る時計回りの回遊を行っていることがわかった。放流されたヨシキリザメのうち数尾は赤道を越えて南半球で再捕されたが，放流尾数に比べればわずかであった。

日本では静岡市にある遠洋水産研究所が，太平洋とインド洋

でサメの標識放流を実施している。1996年から開始され現在も継続中で，年間に数千尾のサメを放流している。再捕率はおおよそ1％程度で，1,000尾のサメを放流すると10尾程度が再捕される計算である。この再捕されたサメについて，放流地点と再捕地点を地図上にプロットするとサメの回遊の傾向がつかめる。北太平洋におけるサメの回遊は，北大西洋の回遊に類似して時計回りの回遊を示しているようにも見えるが，なにぶんデータ数がまだまだ少なく，はっきりとした結果は得られていない。

　また，過去にアメリカとカナダがアブラツノザメの放流を実施したことがある。沿岸魚のような印象があるアブラツノザメであるが，アラスカで放流したアブラツノザメが青森県や北海道の釧路で再捕された例がある。体長で1m程度の小型のサメであるが，数千kmを泳いで日本沿岸で捕獲されている。

(2) 超音波追跡

　東太平洋でオナガザメの仲間であるハチワレに超音波標識を装着し，追跡した例を紹介しよう。平成8年に東太平洋のガラパゴス島近海で，超音波標識によるハチワレの追跡を行った。発信機を装着したハチワレはマグロ延縄漁具で捕獲した。調査用の延縄漁具は長さが20数kmあり，船上に取り込むのに数時間かかる。この間は，標識を装着する作業などができない。そこで，図3-3のように操業の途中で漁獲したハチワレに200mくらいのロープで大きなブイとラジオ発信機を取り付け，さながら犬を鎖につないでおくように，放置した。

すべての延縄漁具の回収が終わった後に，このラジオ発信機からの信号を頼りに，ハチワレを探し出し，ロープでハチワレ

ヨシキリザメの回遊（1〜3月放流群）

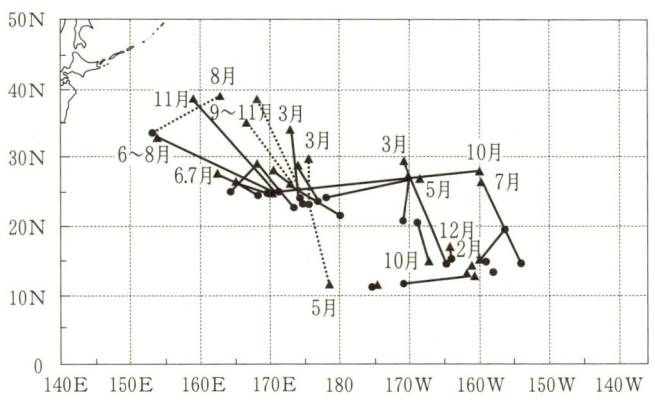

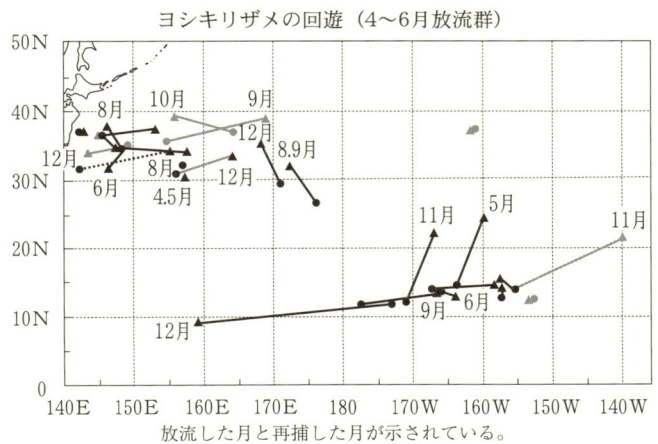

ヨシキリザメの回遊（4〜6月放流群）

放流した月と再捕した月が示されている。
△は放流地点，○は再捕地点を示す。

図3-2　太平洋で行ったヨシキリザメの標識放流の結果

70　第3章　サメを数える

写真3-2　ハチワレに発信機を銛で打ち込む

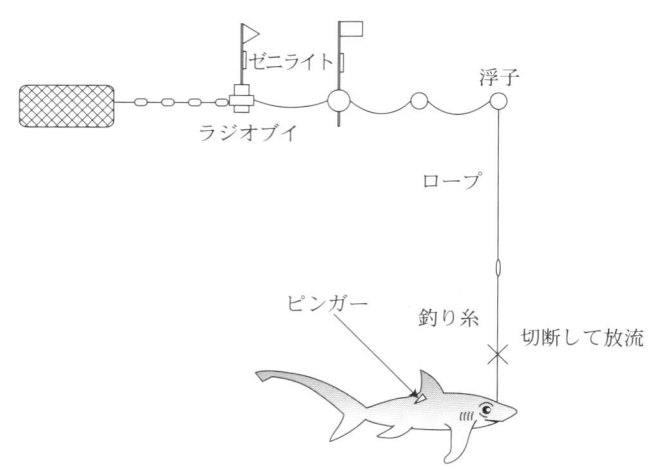

図3-3　追跡前にハチワレを繋いでいたようす

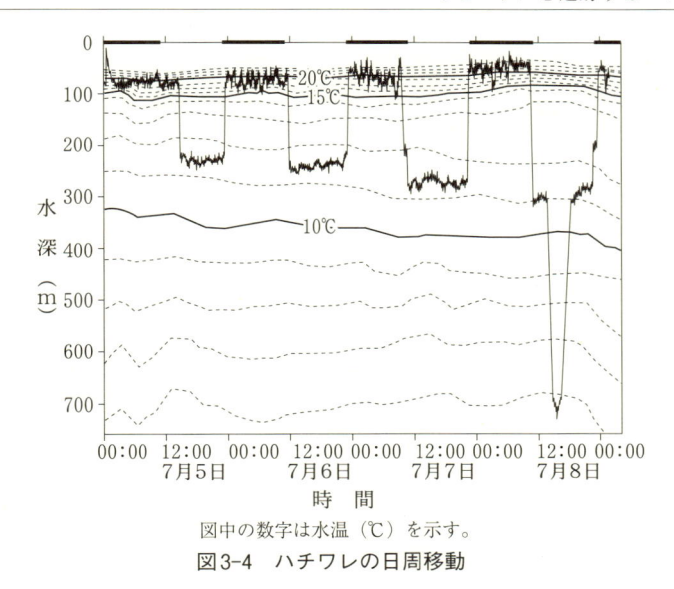

図中の数字は水温（℃）を示す。
図3-4　ハチワレの日周移動

を手繰り寄せて、船に装備しているスクーパーというマグロをすくい上げる装置で、ハチワレを船の横、甲板の高さまで海中から引き上げた。スクーパーはロボットハンドというか、金魚すくいのお化けのような装置である。引き上げたハチワレに発信機を装着した。それから慎重にハチワレを海中にもどし、追跡が始まる。

　船のブリッジでピーン、ピーンという発信音を探知しながら、音の方向を特定してハチワレを追っていく。通常、魚はそれほど早く泳がないので、船のスピードをあげすぎると、サメを追い越してしまう。実際には時速2-3kmのスピードでのろのろ進むような状態である。追跡中は24時間3交代で追い続ける。

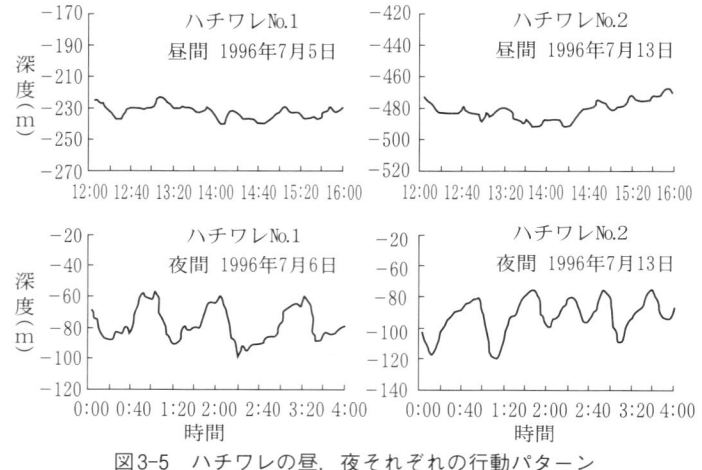

図3-5 ハチワレの昼, 夜それぞれの行動パターン

夜間は真っ暗なブリッジに水中マイクから拾ったピーン,ピーンという発信音が響き,ブリッジの中はさながら潜水艦映画のようである。

このときの追跡から,ハチワレの行動にはっきりとした昼夜の違いがあることがわかった。昼間は200-500 mの深海に生息しているが,日没時になると60-80 mの表層に浮上する。そして日の出には,深海に向けて潜水していくのである。この行動は追跡している間中,規則正しく続いた。これは餌であるDSL（Deep Scattering layer: 深海散乱層）と呼ばれるハダカイワシや動物プランクトンなどの濃密な層が深夜になると浮上し,明るくなると深く沈んでいくのをハチワレが追っていくことで起きている行動であろうと考えられた。

また1匹目の追跡中,日中に突然急降下のような急速潜行が

始まったことがあった。サメはどんどん深く潜って，深度700mを超してしまった。さすがに深くなると船との距離も離れるので，音も小さくかすかになる。このときはブリッジ中が緊張で静寂に包まれ，かすかな発信音を全身を耳にして追跡しているような状態だった。特にそのときの当直航海士は，自分の当直中に見失いたくなかったのか，最も真剣にサメからの発信音に聞き耳をたてていた。このときはサメが弱って死んだか，サメから発信器が落ちて，深海までまっしぐらに沈んでいったのかと思った。しかし，潜行から3時間後，ハチワレは急に浮上を開始し，いつもの深度に戻って来た。

　このときの急速潜行の原因はわかっていない。おそらく水中でなにかに出会って，それを避けるために急激な潜水行動をとったと思うが，何に遭遇したのだろうか。大型のサメ？　クジラ？　それとも潜水艦だろうか？　いまもって謎である。

コラム　　長い外洋の調査航海

　外洋の調査航海は長い。2-3か月に及ぶこともあり，来る日も来る日も海と空ばかりの風景である。しかし，慣れてくると単調な風景の中にも変化がある。南方では飛び魚が飛ぶし，イルカやカツオの群れが船に付くこともある。マンボウが浮かんでいることもあるし，サメが背鰭を出して泳いでいることもある。海鳥といえばカモメを連想するが，カモメがいるのはごくごく沿岸で，沖にいくと南ではネッタイチョウやアジサシがいるし，北の海に行けばミズナギドリやアホウドリが飛んでいるどんよりとした海となる。調査船の乗組員の方にも随分お世話になった。2-3か月も同じ船内で暮らせば，いろいろな話もするし，酒も飲む。それこそ同じ釜の飯を食べた仲になるわけだ。

水産研究センター調査船

　海の調査にはロマンがある。特に長いこと陸が見えない外洋航海の雰囲気は，進化論で有名なダーウィンがビーグル号で調査航海に出かけたころと，変わらないのではないだろうか。長い調査航海の間，時空を超えて，いにしえからのさまざまな航海者と海を共有している気分であった。

---

(3) 衛星追跡

　衛星追跡は，サメにつけた発信機から衛星経由でGPSのように位置を知る方法である。フランスにあるアルゴス社では，発信機からの電波を位置情報に変換し，インターネットを使って研究者に配信してくれる。この方法は研究所にいながらサメの位置が確認できるすばらしい方法であるが，発信機が高価であり，この情報を受信するのにも高額な受信料を取られる。このために何匹も多量に放流することは予算的に厳しい。以下に

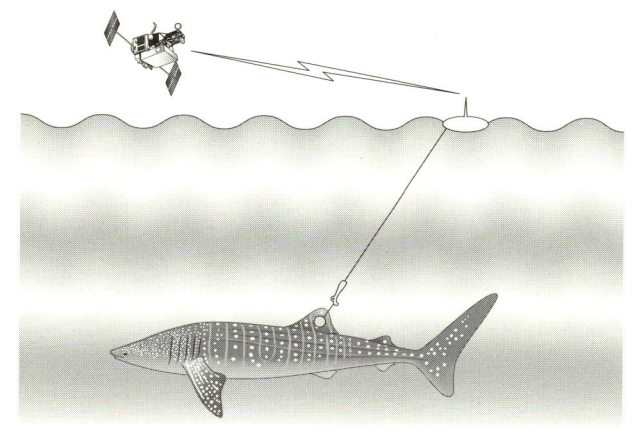

図3-6 ジンベイザメ衛星追跡のイメージ

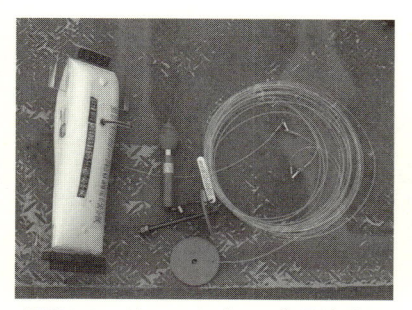

写真3-3 ジンベイザメの衛星追跡に使用した初期型の浮体とポップアップ式発信機

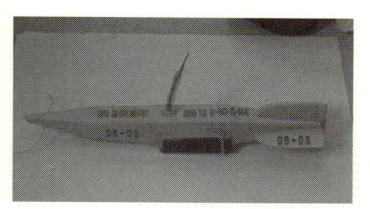

写真3-4 ジンベイザメ衛星追跡に使用した後期型の浮体

　日本の研究所でジンベイザメを追跡した例を紹介しよう。
　ジンベイザメは，沿岸の定置網に入ることがある。定置網とは沿岸に回遊してくる魚を捕まえるために，岸近くに仕掛けて

写真3-5 ジンベイザメ追跡のために発信機をとりつけている様子（かごしま水族館提供）

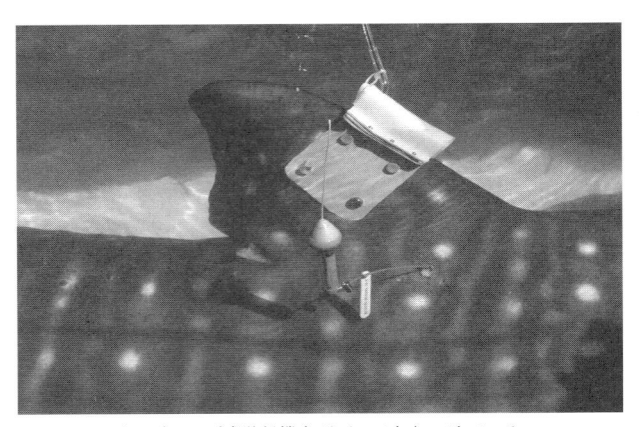

ポップアップ式発信機もダブルでとりつけている。
写真3-6 初期段階でジンベイザメの背鰭に直接発信機をとりつけている（かごしま水族館提供）

3-2 サメを追跡する　77

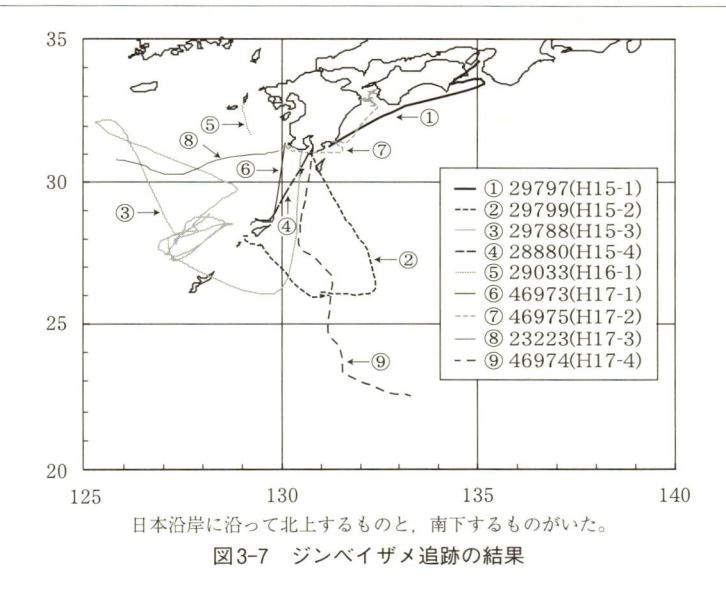

凡例	
①	29797(H15-1)
②	29799(H15-2)
③	29788(H15-3)
④	28880(H15-4)
⑤	29033(H16-1)
⑥	46973(H17-1)
⑦	46975(H17-2)
⑧	23223(H17-3)
⑨	46974(H17-4)

日本沿岸に沿って北上するものと，南下するものがいた。
図3-7　ジンベイザメ追跡の結果

ある巨大な袋のような網である。水族館では，よく定置網に入ったジンベイザメをもらい受けて飼育する。ジンベイザメの衛星による追跡は，鹿児島県の定置網に入ったジンベイザメに衛星発信機を装着して行った。まずジンベイザメを船型の特殊な水槽に追い込み，ダイバーが発信機をジンベイザメの背鰭に固定する。その後，この水槽を沖まで船で曳いていって放流するのである。鹿児島で放流したジンベイザメは図3-7のような回遊経路で移動した。

　ジンベイザメは日本列島に沿って北上回遊し，三陸沖に出現する。カツオやビンナガマグロの群れがジンベイザメに付いて泳ぐので，カツオやビンナガマグロを発見するときの目印とし

て使われている。ところが，九州・沖縄に回遊してきたジンベイザメのすべてが北上回遊するのではなくて，一部は反転して南にとどまるような回遊をすることがわかってきた。また沿岸に沿って北上し，瀬戸内海に入った個体もあった。

3-3 サメ資源の現状

(1) 海の魚の数はどう数えるのか？

海洋生物は，石油などの鉱物資源とは異なる再生可能な資源であり，上手にとれば資源として利用し続けられる。しかし，漁業が規制されないと，競争の中で獲り過ぎの状態（乱獲）になりがちである。

サメが減っているかどうかを知るためには，まず海のなかにどれくらいのサメがいるのかを知る必要がある。しかし，池のコイなら水を抜けば数はわかるが，海の魚の数はそう簡単にはわからない。魚の全体量を知るのは大変だが，資源が増えているか，減っているかを調べるのには漁獲率（CPUE）がよく使われる。魚が増えれば操業一回あたりの漁獲は増え，減れば漁獲も減少するので，わかりやすい指標である。CPUE とは catch per unit effort（単位努力あたり漁獲量）のことで，例えばマグロ延縄漁でいえば，釣り針 1,000 本当たりに漁獲されるサメの尾数のことである。

資源全体の大きさを推定する方法にプロダクションモデルと呼ばれる計算方法がある。これは漁船の数をどんどん増やせば，それにつれて漁獲量は増加するが，漁船一隻あたりの漁獲量の伸びは頭打ちになり，なかなか増加しなくなる。さらに漁獲量

もピークを迎えて，その後は減少に転ずる。このピークを測って，資源の全体量を推定しようとする方法である。ちなみにこのピーク時の漁獲量のことを最大持続漁獲量（または最大持続生産量）という。

また，毎年漁獲されるサメの大きさと年齢を計測して，人口ピラミッドのようなものを推定し，そこから資源量を推定しようとするのがコホート解析と呼ばれる方法である。漁獲物の年齢構成から資源の年齢構成を推定し，全体を推測する方法である。しかし，人間には戸籍があるが，戸籍もない海のサメの数を知るには相当の誤差が含まれていることは想像に難くない。

(2) 問題になったメキシコ湾のサメ

ところで，サメの絶滅危機が叫ばれ保護の動きが始まったのは，アメリカのメキシコ湾のサメ資源が著しく減少したからである。そもそもの始まりはフカヒレである。一部では日本のバブルが影響しているともいわれているが，1980年代に世界中でフカヒレの需要が増え，世界のあちこちでフカヒレ目的の新たなサメ漁業が勃興した。メキシコ湾のサメ漁業も1980年代に急速に拡大したのである。そしてサメ資源が急速に減少しているという環境保護団体の指摘があり，アメリカ政府は1989年にサメの資源管理政策を定めた。これが今日のサメ保護運動の始まりである。このメキシコ湾の状況から，世界中で同じような状況が起きているのではとの懸念があり，サメ保護の動きが世界中に広がった。

(3) オーストラリアのサメ資源

サメ漁業が急激に勃興したアメリカのメキシコ湾のサメ漁業に対し、サメ漁業先進国で営々とサメ漁業を続けているのがオーストラリアである。イギリス圏ではフィッシュ・アンド・チップスといって、ポテトや魚の切り身のフライを新聞紙などに包んで屋台などで売る食べ物がポピュラーである。サメの切り身もこのフィッシュ・アンド・チップスの重要な材料であり、オーストラリアでも伝統的にサメを食べている。

オーストラリアではスクールシャーク（イコクエイラクブカ）というサメの漁業が100年近く続いている。英語のスクールは「群れる」という意味であるから、群れをつくってたくさん獲れるサメだったのだろう。オーストラリアがサメ漁業先進国として漁業を続けていることは、サメが資源として長年にわたり利用可能なことを証明している。

(4) 日本のサメ資源

日本では、FAOが1999年に定めた「サメ類の保護と管理のための国際行動計画」に従い、日本独自の国内行動計画を2000年に策定した。その附属書として、サメ類の資源評価レポートが付いている。サメ資源という呼称には一般に同じ軟骨魚類であるエイ類も含まれる。このレポートでは日本のサメ資源を、北海道沿岸のカスベ類、東北沖および日本海のアブラツノザメ資源、東シナ海のサメ・エイ類、外洋のサメ類の4つに大別している。もちろん日本周辺には100種以上のサメ・エイ類が生息しているから、資源の種類はこれだけではないが、漁

業の規模や漁獲量から上記の分類で日本のサメ・エイ類漁獲量の大部分を占める。

(5) 北海道沿岸のカスベ類

北海道や東北では，ガンギエイの仲間をカスベといって食用にしている。カスベの煮付けは北海道の家庭料理である。エイ類はその形から想像されるように海底に生息する魚類で，底曳き網，底刺し網，底延縄などの漁法で漁獲される。北海道におけるエイ類の漁獲量は，1960年代後半には2,000トン台の漁獲があった。その後，底曳き網漁獲量の減少により1970年代初期に1,000トン台に減少したが，1970年代中期から刺し網漁獲量の増加に伴い，1980年には5,000トンのピークを示した。なお，ピーク時の1980年には，たら刺し網によるエイ類の漁獲量が939トンと極めて高かった。最近は刺し網による漁獲量も減少し，2,500トン前後で安定している。

北海道で漁獲されるカスベ類の中で最も多く漁獲されるのはメガネカスベで，カスベ刺し網で漁獲されるほか，底曳き網やカレイ刺し網などで混獲される。これに次いでドブカスベの漁獲量が多いといわれている。ドブカスベは北海道ではオホーツク海と日本海の沿岸に多く，太平洋沿岸では他のガンギエイ類に混在する程度である。

(6) 東北沖および日本海のアブラツノザメ資源

アブラツノザメはかなり古い時代から，北日本の太平洋側や日本海側では漁業の対象となっていたようである。昭和初期に

なると，機船底曳き網漁業でアブラツノザメを漁獲するようになった。しかし，第二次世界大戦前後には燃油の不足により底延縄による漁獲に転換された。終戦後は日本中で食料が不足していたので，食料増産政策に伴い，主に機船底曳き網により積極的に漁獲されるようになり，急激に漁獲量が増加し，1952-1955年には平均4万トンあまりに達した。

近年は主に沖合底曳き網漁業により漁獲されているが，漁獲量は大きく減少している。例えば，日本海における漁獲量は1970年代には1,000トン程度であったが，その後減少して近年は100-200トン程度である。近年の漁場は東北の太平洋岸から津軽海峡，日本海岸にかけてで，とくに青森県沖，津軽海峡周辺での漁獲が多くなっている。青森県では，冬季にアブラツノザメを狙う底延縄漁がある。

(7) 東シナ海のサメ・エイ類

以西底曳き網漁業は，20世紀の初頭に東シナ海の大陸棚縁辺域のキダイを主対象として始まった。戦後の以西底曳き網漁業は著しく発達し，1949年の許可隻数は，二そう曳き968隻，一そう曳き（トロール）58隻に達した。1960年が本漁業の最盛期であり，サメ・エイ類を含む漁業全体の漁獲量は36万トンに達した。1976年まで漁獲量は20万トン台であったものの1988年には10万トンを下回り，1999年には約2万トンとなった。漁船数も1971年には625隻となり，1998年には許可隻数は54隻，さらに2000年には16隻に縮小した。

以西底曳き網漁業では，サメ類は1948年に9,475トン漁獲

されたが,その後ほぼ一貫して減少を続け,2000年には漁獲量は6トンとなった。その後わずかに増加し2003年には15トンとなった。エイ類は1958年には17,084トン漁獲されたが,その後ほぼ一貫して減少を続け,2000年には91トンとなった。その後やや増加し2003年には179トンとなった。漁獲量の減少は,東シナ海で操業する漁船の数が減っていることも原因のひとつである。おそらく資源の減少と漁船の減少の両方で,漁獲量が減少しているのだろう。

以西底曳き網漁業では,オオセ,ナヌカザメ,カスザメ,コロザメ,ホシザメ,シマネコザメ,ネコザメなどが漁獲され,鮮魚用(湯引き用)として利用される。また,イサゴガンギエイ,

表3-1 1992-1994年の地方公庁船によるマグロ延縄漁業混獲生物調査で漁獲されたサメ類の種組成 (中野,1996より改変)

和　名	学　名	種組成（%）
ネズミザメ	Lamna ditropis	0.13
アオザメ	Isurus oxyrinchus	1.33
バケアオ	Isurus paucas	0.46
ニタリ	Alopias pelagicus	0.46
ハチワレ	Alopias superciliosus	14.73
マオナガ	Alopias vulpinus	0.04
ミズワニ	Pseudocarcharias kamoharai	1.21
クロトガリザメ	Carcharias falciformis	1.71
ヨゴレ	Carcharias longimanus	3.91
イタチザメ	Galeocerdo cuvier	＊
ヨシキリザメ	Prionace glauca	75.34
シュモクザメ類	Hammerhead sharks	0.04
カラスエイ	Dasyatis violacea	＊

＊:若干の漁獲がある。

表3-2 日本のマグロ延縄漁業によるサメ類漁獲量 (出典:農林統計,単位トン)

	遠 洋	近 海	沿 岸	合 計
1971年	10,782	16,698	1,833	29,313
1972年	8,588	14,207	1,992	24,787
1973年	9,219	13,878	2,316	25,413
1974年	6,866	13,054	2,357	22,277
1975年	7,898	14,389	1,325	23,612
1976年	7,142	14,167	2,615	23,924
1977年	6,590	16,352	2,321	25,263
1978年	7,718	13,189	3,116	24,023
1979年	8,211	17,025	2,832	28,068
1980年	8,811	18,639	2,242	29,692
1981年	8,716	13,623	2,237	24,576
1982年	8,090	12,567	1,713	22,370
1983年	9,496	14,025	749	24,270
1984年	9,009	11,871	2,336	23,216
1985年	8,042	12,341	2,524	22,907
1986年	7,750	13,952	2,116	23,818
1987年	8,676	11,506	2,302	22,484
1988年	10,240	10,884	2,115	23,239
1989年	6,565	8,211	1,863	16,639
1990年	4,387	8,293	1,838	14,518
1991年	5,940	10,139	1,680	17,759
1992年	7,130	10,753	1,719	19,602
1993年	6,960	10,882	1,812	19,654
1994年	5,625	8,207	2,052	15,884
1995年	2,947	8,054	1,683	12,684
1996年	3,093	9,143	1,954	14,190
1997年	3,258	10,844	2,128	16,230
1998年	7,720	9,089	2,551	19,360
1999年	8,649	9,011	2,345	20,005
2000年	6,897	7,782	2,031	16,710

モヨウカスベ，ガンギエイ等が加工用（エイヒレ干物等）として利用される。

(8) 外洋のサメ資源，代表はヨシキリザメ

外洋のサメ類とは，主に大陸棚より遠い海域に生息し，マグロ延縄漁業などで漁獲されるサメ類のことである。マグロ延縄漁業では20種以上のサメ類が記録されているが，主な種類はヨシキリザメ，アオザメ，ヨゴレ，クロトガリザメ，ハチワレ，

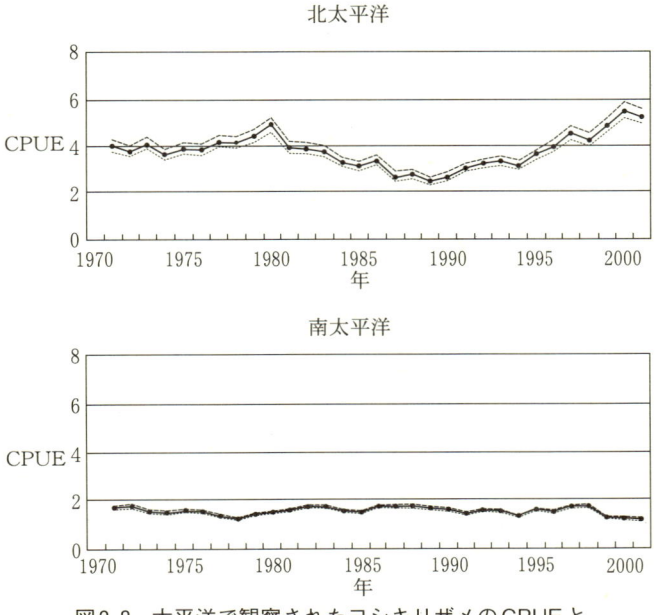

図3-8　太平洋で観察されたヨシキリザメのCPUEと95％信頼区間

北大西洋

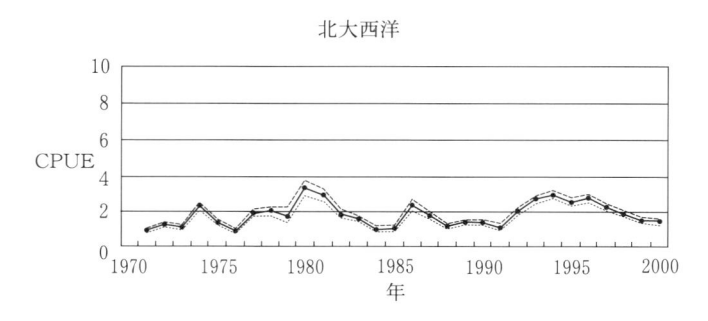

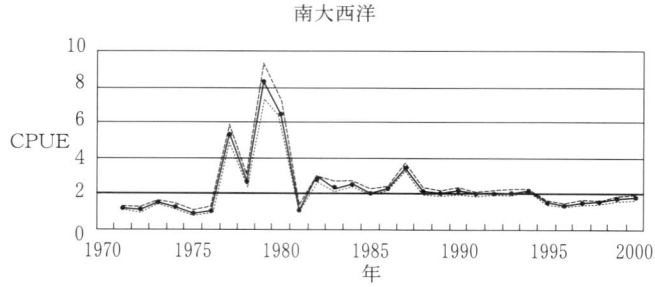

南大西洋

図3-9 大西洋で観察されたヨシキリザメのCPUEと95％信頼区間

ニタリ，ミズワニなどである。

　農林水産省発行の「漁業・養殖業生産統計年報」では，マグロ延縄漁業は遠洋・近海・沿岸の3つに分類されている。これらマグロ延縄漁業で漁獲されるサメ類の漁獲量は，1万3,000トンから3万トンで推移しているが，年々減少している。

　マグロ延縄漁業で漁獲されるサメ類の資源状態（釣獲率：CPUE，釣針1,000本当たりのサメ漁獲尾数）はいくつか報告がある。ひとつは，太平洋およびインド洋における日本のマグ

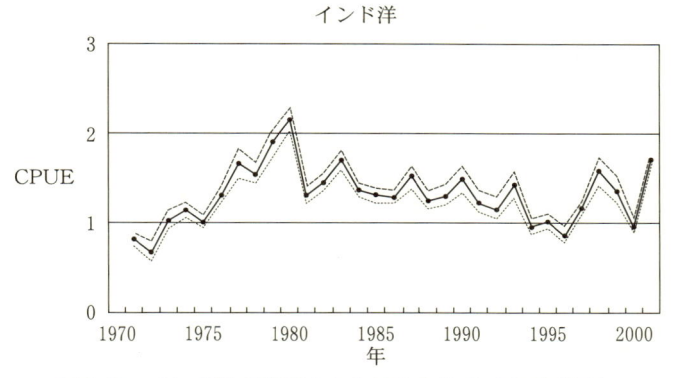

図3-10 インド洋で観察されたヨシキリザメのCPUEと95％信頼区間

ロ延縄調査で漁獲されたサメ類の釣獲率が，1973-1985年の間でほぼ一定であったとの報告がある。また，1971-1993年の23年間のマグロ延縄漁船の記録から，ヨシキリザメの釣獲率が変化しなかったことも報告されている。分析されたヨシキリザメの釣獲率を図に示した。さらに，1967-1970年と1992-1995年の期間に，北太平洋で実施した調査船による調査で得られたヨゴレ，クロトガリザメ，ヨシキリザメ，オナガザメ類の釣獲率を比較し，両方の期間で大きな変化は認められなかったとする報告もある。

　マグロ延縄漁業で獲られるサメ類のなかで，ヨシキリザメの割合は特に多く，8割から9割はヨシキリザメで占められる。ヨシキリザメはその生息範囲も広く，赤道直下の暖かい海から，黒潮と親潮がぶつかる北の海まで分布している。繁殖力も強く，

5歳から6歳で成熟し子供を生む。子供の数はサメの中でも多く，少ないものは数尾から多いものでは100尾以上まで，平均で約30尾の子ザメを産む。これらの特徴からもヨシキリザメは増えやすい資源であると想像できる。世界中のマグロ延縄漁業で，年間に25万トンのヨシキリザメが漁獲されているという推定もある。これはヨシキリザメの平均体重を50kgとすると，年間500万尾のヨシキリザメが漁獲されていることになる。これで

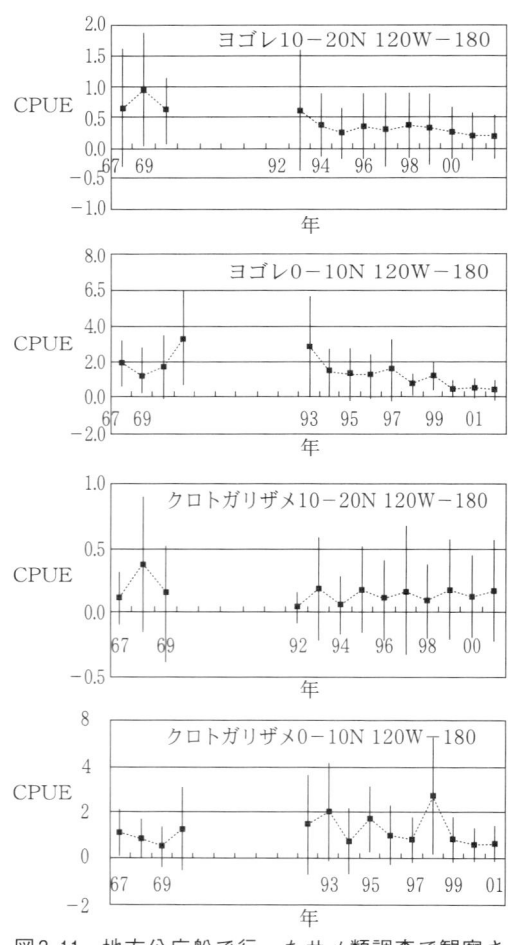

図3-11　地方公庁船で行ったサメ類調査で観察された各調査年のヨゴレ（上）とクロトガリザメ（下）のCPUEと標準偏差

3-3 サメ資源の現状

も資源が減らないのであるから、ヨシキリザメはそれだけ豊富にいるのだろう。サメのなかでも有数の資源量を誇る種類である。

(9) サメ漁業の経営

ここで、サメ漁業の特徴について指摘しておきたいと思う。サメが硬骨魚類と異なるのは、成熟年齢が高く、産仔数が少ない回転の悪い資源であるということである。そのために処女資源の状態から開発が進むと資源は急激に減少する。すると、も

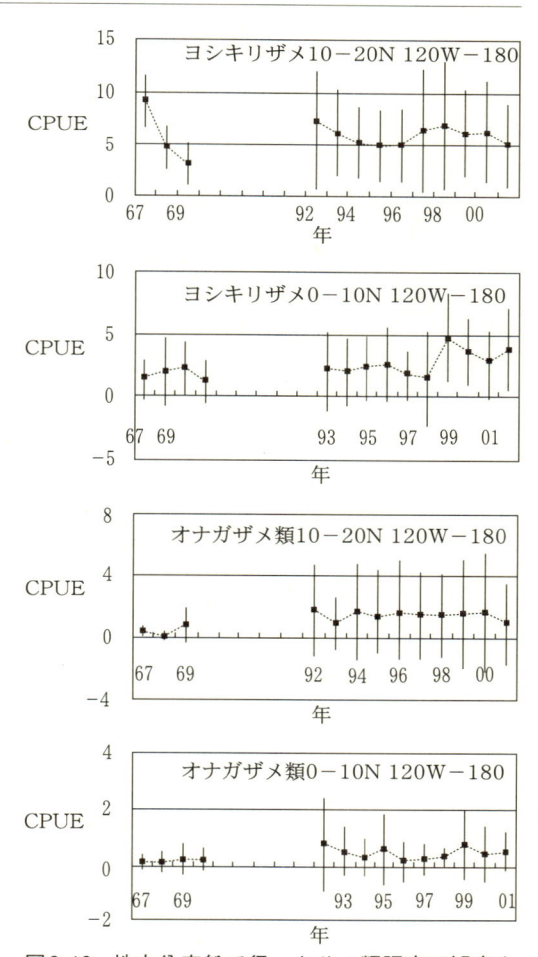

図3-12 地方公庁船で行ったサメ類調査で観察された各調査年のヨシキリザメ（上）とオナガザメ類（下）のCPUEと標準偏差

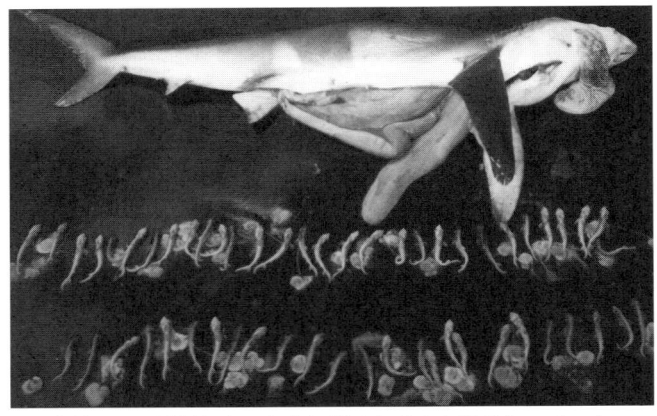

写真3-7　妊娠したヨシキリザメとそのお腹に入っていた55尾の胎児

ともとサメは値段が安いので，漁業経営が成り立たなくなり漁業が崩壊する。漁業がなくなると10年，20年後には資源が復活する。そこで新たなサメ漁業が始まる。サメ漁業の先進国であるオーストラリアのような国は別であるが，その他の国では数が多いから獲り，数が少なくなると漁業をやめると，これを繰り返しているようである。サンマやイワシのように資源をきっちり管理して毎年獲るのが一般的な漁業であるが，サメ漁業のように資源の回復を待っては再開するような，焼き畑農業のような漁業形態も持続的な利用の一形態としてありうるだろう。

第4章
サメの保護活動
―サメが絶滅する？―

サメを船内に取り込む漁師

4-1 これまでの環境保護の漁業に対する動き

(1) アザラシからクジラへ

1970年代,ベトナム戦争で社会的に疲弊するアメリカを中心に,環境保護運動は生まれた。当初は,カナダで毛皮のために捕獲されるアザラシの赤ちゃんを保護しようという運動だった。アザラシの生まれたての赤ん坊は,捕食者から逃れるため,氷の世界でも目立たないように体毛が白い。これが多くの人々の目に止まり,高級な毛皮の材料になっていた。それが残酷だということで,赤ん坊アザラシの捕獲を禁止する運動へと発展したのだった。この保護運動は,ベトナム戦争で厭戦ムードが蔓延するアメリカの国情ともマッチして燎原の火のごとく拡大していき,さらに発展して保護の対象はアザラシからクジラへと移行した。

この時代にはアメリカ人の歌手オリビア・ニュートンジョンが日本に来日し,反捕鯨コンサートを開催した。また,反捕鯨キャンペーンは当時のキッシンジャーアメリカ大統領補佐官が,ベトナム戦争の反戦キャンペーンをかわすために仕組んだとも言われているが,定かではない。国内に問題を抱えている場合に,外に敵を作って国民の目をそらすという戦略はどこの国でも使っているようだ。

(2) サケ・マスから流し網漁業へ

環境保護と同時期に海洋では200海里の排他的経済水域の宣言がなされ,大陸棚地下資源と漁業資源の囲い込みが起こった。

これにより日本の遠洋漁業は，世界中の漁場から閉め出されるようになった。遠洋漁業とはいえ，実際には外国の沿岸から沖合で魚を獲っていた漁業が多かったので，沿岸国が200海里を宣言し，外国漁船を追い出すようになれば，魚は獲れなくなる。そんな訳で，ベーリング海やアラスカ湾でサケを獲っていた日本のサケ・マス漁船は北洋での沖取りのみになった。さらに追い打ちをかけるように，アメリカやカナダは日本が獲っているサケは自分たちのサケだという母川国主義を掲げて，日本漁船の追い出しにかかった。

　この時期に新たな攻撃材料に使われたのが，北洋に生息するイシイルカの混獲問題だった。イシイルカは，三陸沿岸から北洋にかけて生息している横腹に白い模様のあるイルカである。サケ・マス流し網によるイシイルカの混獲に，アメリカがクレームをつけてきた。そして，イシイルカの混獲総数を推定するために，アメリカ人のオブザーバを日本のサケ・マス漁船に乗船させるよう要求してきた。その結果，サケ・マスだけでなく，イシイルカにも捕獲枠が決められ，サケ・マスとイシイルカ両方の縛りを受けることになった。

　その後，注目を

クジラが流し網にかかっているというイメージを意図的に伝えている。

図4-1　反流し網漁業のシンポジウムに使われたシンボルマーク

集めたのが，公海流し網問題である。サケの漁獲枠やイシイルカの頭数制限でサケ・マス漁場を閉め出された日本漁船は，サケ・マス漁場から南下した漁場でアカイカをねらったイカ流し網漁業と，さらにその南の海域でビンナガマグロやカジキ類をねらった大目流し網漁業を始めた。しかし，この漁業もイルカやウミガメ，海鳥などを混獲するということで，環境保護団体の標的にされた。1991年の第46回国連総会において，1993年からの大規模公海流し網漁業のモラトリアム（停止）が決定され，この漁業は事実上消滅した。

(3) マグロからサメへ

もうひとつの動きは，アザラシからクジラへと移った環境保護が1990年代になり，マグロやカジキ，サメなども含む，大型海洋生物に拡大されたことだった。1992年に京都で開催されたワシントン条約第8回会議で，スウェーデンは大西洋のクロマグロを絶滅危惧種として，附属書に提案しようとした。このときは会議前の説得が功を奏してスウェーデンは提案をとりさげた。その後に出てきたのがサメで，1994年に開催されたワシントン条約第9回会議以来，サメは継続して議題に上っている。

ところで，日本では環境保護団体というとボランティアという印象が強いが，国際的に活動している環境保護団体の職員は，給料をもらっているプロである場合が多い。数年前にアメリカのグリーンピースが財政難で本部職員450人を削減したと聞いたことがある。そんなに専従で働いている職員がいたのかと驚

いた覚えがある。このようにプロの活動家が所属する団体が無数にあるので，環境保護を促進する政治的なパワーが強力である理由も理解できる。

(4) なぜ保護するのか？

サメの保護を主張する人たちは，サメの生態が他の魚と違っている点を強調する。例えば，サメは海洋生態系の頂点にあるので，もともと数が少ない。あるいは成長に時間がかかり，生む子供の数も少ないことから繁殖率が低いこと。このため漁業で多量に漁獲するとサメの数はすぐに減少し，回復は難しく，極端な場合は絶滅の恐れさえあることなど，これらがサメの保護の主な論点である。

1994年のワシントン条約第9回会議で採択されたサメの決議は，サメが絶滅の危機にあるかもしれないので，サメの生物学と漁業・貿易に関するレポートを作成し，第11回会議に提出を要請する内容だった。第11回会議はアフリカのケニアで1999年に開催され，レポートが提出されたが，サメの保護に関する議論は継続審議となった。それは，これまで漁業を管理する国際漁業管理機関などでは，商品となる魚の調査はずいぶん行われてきたが，市場価値の低いサメについては充分な調査が行われなかったために，科学的な判断をするのに十分な資料がなかったからである。

サメを保護するべきか否かを決定するために充分な資料がないということは，今後の議論を進めるうえで重要な問題である。資料もなしに保護云々をいうのは少々奇妙な気がするが，一部

の保護団体は,資料がないことを盾に漁業を野放しにするのはいけないと主張している。これまでにアザラシ,クジラ,イルカを保護するための国際的なキャンペーンを行ってきた団体のいくつかは,次の活動目標をサメに定めている。サメの保護が必要か否かを判断するには,今後資料を充分収集し,資源の状態を科学的に検討する必要があるだろう。

(5) 海鳥からウミガメそしてマグロ漁業の全面禁漁へ

　日本の漁業に関係した環境保護運動はサメで終わりではない。同じように1990年代から海鳥とウミガメに関する保護問題も発生している。

　混獲が問題になった海鳥はアホウドリ類である。世界には

写真4-1　インド洋で操業するマグロ船の周りに集まるマユグロアホウドリとハイガシラアホウドリ

(清田雅史氏提供)

14種類のアホウドリがいて，3種は北太平洋に，残りの11種は南半球に分布している。南極の海洋生物資源の保存に関する条約会議（CCAMLR）で，南極周辺でマゼランアイナメ（市場名：メロ，銀ムツ）を漁獲する底延縄漁船が，多数のアホウドリ類を混獲していることが問題となった。アホウドリ類は海表面に浮かんでいる餌を採る性質があるので，延縄の針についた餌が表面を漂っているうちに飲み込んでしまい，延縄にかかってしまうのだ。

これでアホウドリの混獲が劇的に減った。
写真4-2　アホウドリを追い払う鳥避け装置，トリポール
（清田雅史氏提供）

　インド洋のミナミマグロ漁場では，日本の延縄漁船がアホウドリ類を混獲することがある。そこで水産庁は，ミナミマグロ漁船にアホウドリの混獲を防ぐトリポールの使用を義務づけている。トリポールとは，漁船の船尾から横に伸ばしたポールから150mくらいの鳥おどしをつけたロープを垂らす装置で，アホウドリを延縄の餌に近づけなくする効果がある。

　アホウドリの次にはウミガメの混獲問題が浮上した。ウミガメもまれにマグロ延縄漁で混獲することがある。世界最大のウミガメであるオサガメや日本で繁殖するアカウミガメの減少

98　第4章　サメの保護活動

を，延縄による混獲が原因であると主張している保護団体がある。流し網のときと同じように国連総会に提案して，マグロ延縄を含むすべての延縄漁業を世界的に全面禁止にしようとしている。アメリカや日本政府はウミガメ保護のため，混獲を減少させる釣り針（サークルフック）などの使用を漁船に指導している。

このように日本の漁業に関するものだけでも，さまざまな環境保護に関する運動があり，サメもそのなかの一部であるといえるだろう。

写真4-3　国際的に保護の対象となっているアカウミガメ（遠洋水産研究所提供）

写真4-4　ウミガメの混獲を避けるために使用されるサークルフック（左端は通常の釣り針）
（遠洋水産研究所提供）

4-2 サメとワシントン条約

(1) サメ決議

 ワシントン条約は，絶滅のおそれのある動植物を貿易の制限により保護しようという条約で，正式名称は「絶滅のおそれのある野生動植物の種の国際取引に関する条約」という。ワシントン条約は日本での通称で，英語ではCITES（Convention on International Trade in Endangered Species of Wild Fauna and Floraの略）と書いてサイテスと呼ばれている。アフリカゾウや野生のトラ，中国のパンダの保護などで陸上動物を対象としているイメージが強いワシントン条約であるが，実は魚類も条約の対象となっている。

 1994年にアメリカで開催された第9回ワシントン条約会議で，サメに関する決議案が提出された。決議案はサメに絶滅のおそれがある種類が含まれている可能性が高いので，ワシントン条約動物委員会および国際漁業管理機関は，サメの生物学と資源の現状に関するレポートを作成し，次回のワシントン条約会議に提出せよという内容だった。このときから，サメの保護は世界的な関心事となり，議論されるようになった。

 サメ保護の問題が国際的に議論されてきたことは，

ワシントン条約の略称CITESがアフリカ象の形になっている。

図4-2 ワシントン条約会議のシンボルマーク

日本ではほとんど知られていない。これは欧米に比較して，国内のマスコミが動物保護の問題に関心が低く，サメ保護問題をほとんどとりあげなかったからである。だが，海外では有名新聞，タイムなどの有名雑誌，ＣＮＮなどの大規模テレビネットワークでなんども取り上げられ，サメの保護キャンペーンがなんども行われてきた。

(2) 海のギャングから絶滅危惧種へ

実は欧米では1980年代の終わり頃から，サメは恐怖の対象というよりも生物保護の対象とする潮流がでてきた。ある環境保護団体の活動家は講演で，「あの映画ジョーズの原作者，ピーター・ベンチリーでさえ，いまではサメを保護すべきだといっている」と発言したほどである。

写真4-5　ワシントン条約会議（写真は第10回会議）

サメ絶滅の可能性を主張する根拠は，サメ・エイ類が硬骨魚類に比べて，成長が遅く，成熟にも時間がかかり，産む子供の数も少ないことから漁業などで大量に漁獲するとあっという間にその数を減らし，なかなか資源が回復しないというものである。サメ・エイ類は漁業などの開発になじまない生物で，むしろ保護するべき生物であるという主張である。この主張は正しいのだろうか？　一方ではサメ・エイ類は世界中で食料として利用されている現実がある。そこで，サメの保護に関するこれまでの流れを紹介するとともに，環境保護運動が持っている政治的な側面，科学的な事実などについて考えてみたい。

Study 1　ワシントン条約

　ワシントン条約は，輸出国と輸入国とが協力して国際取引の規制を実施する事により絶滅のおそれのある野生動植物の保護をはかることを目的としている。1973年3月3日にワシントンで本条約が採択された。このため日本ではワシントン条約と呼ばれている。日本では，1980年にワシントン条約を批准し，輸出入の管理を行ってきた。

　条約では野生動植物の保護のため，取引規制の対象となる生物を条約附属書に掲載して国際取引を規制している。同附属書は，以下の3種類に分類されている。

附属書Ⅰ：特に絶滅のおそれの高いものであって，商業取引を禁止するもの。〈例〉パンダ，ゴリラ，シロサイ，アフリカゾウなど。
附属書Ⅱ：取引に際しては輸入国の輸入許可及び輸出国の輸出許可を必要とする。許可を受けて商業取引を行うことが可能なもの。〈例〉ミナミゾウアザラシ，カバ，フラミンゴ，キュウカンチョウなど。
附属書Ⅲ：各締約国が，自国における捕獲又は採取を防止するために

他国の協力をもとめるもの。〈例〉アカギツネ,ハクビシン,セイウチ,クサガメなど。

4-3　保護のはじまり

(1)　それはメキシコ湾から始まった

アメリカでは1970年代の終わりから1980年代にかけて,メキシコ湾でフカヒレの採取を目的としたサメ漁業が急速に発達した。ところが急速に拡大したため,サメの漁獲量が急激に減少し,時流もあってサメの絶滅を心配する声がおこった。アメリカ政府は,環境保護団体の圧力もあって,メキシコ湾からアメリカ東岸にかけてのサメ漁業に関する管理計画を3年間をかけて作成した。このサメ漁業管理計画は1993年から実施された。

アメリカは,国内のサメ漁業管理計画の実施とサメ保護に関する世論の高まりを背景に,1994年の第9回ワシントン条約会議において,サメに関する決議案を提出した。この決議案はサメのなかに絶滅の危機にある種類が含まれている可能性があるので,サメ保護についての論議を開始せよという内容だった。

(2)　フカヒレの問題が大きかった

ワシントン条約は最高議決機関である締約国会議が2年に1回開かれ,それを補助する動物委員会と植物委員会で,さらに細かな議題についての審議が行われる。1994年の第9回会議の翌年にグアテマラで開催された動物委員会では,サメの保護

表4-1 サメ保護問題をめぐる米国, NGO, CITES, 他の国際機関などの動き

年	NGOおよびアメリカ	CITES(ワシントン条約)	他の国際機関
	1970年代終わりから1980年代にかけてアメリカのサメ漁業が急速に発展。		
1989	米国5海区漁業管理協議会がサメFMPの設置を要請		ICES第1回板鰓類WS
1990			
1991	IUCN SSG 発足 サメFMP草稿がアメリカ官報に掲載される WWF, オージュボン, CMC合同でICCAT Watch 結成		
1992			
1993	IUCN SSG第1回会議 アメリカサメFMP実施		
1994		CITES 第9回締約国会議(アメリカ)でサメ決議可決	
1995		CITES 第12回動物委員会	ICCAT仮設サメ研究部会設置
	WWF, CMC, オージュボンなどがOcean Wildlife Campaine結成		ICES第2回板鰓類WS
1996	IUCN 海産魚類WS	CITES 第13回動物委員会	ICCAT第1回サメ研究WS(マイアミ) ICCAT混獲小委員会設置
	IUCN SSG第2回会議		
1997	IUCN SSG第3回会議	CITES 第10回締約国会議(ジンバブエ)	ICCAT第2回サメ研究WS(清水) ICES第3回板鰓類WS
1998			FAOサメ専門家会議開催(東京)
1999		CITES 第11回締約国会議(ケニア)	
2000			

に関する踏み込んだ議論が小グループを作って行われた。

　第10回ワシントン条約会議では，動物委員会が提出したレポートを受けとり，さらに国連機関であるFAOにサメに関する専門家会議を開催することを依頼し，サメに関する議論を継続審議とすることを決定した。

① FAO行動計画

　ワシントン条約会議の議論を受けて，FAOでは1998年に東京でサメ専門家会議を開催した。この会議では，各国のサメ漁業および資源の現状，サメ資源管理のためのガイドラインの作成が論議され，「サメ類の保護と管理に関する国際行動計画」を作成した。このサメ専門家会議の報告書は，FAOの水産委員会で採択されたあと，ワシントン条約第11回会議に提出された。そして他の地域漁業管理機関や漁業国などに独自の「サメ類の保護と管理のための行動計画」を作成するよう呼びかけた。なお，日本政府はFAOのサメ行動計画を持続的な漁業を創造する政策の一環として資金供与し，サポートしている。

図4-3　国連食料農業機関（FAO）のシンボルマーク

② 地域漁業管理機関によるサメ管理（ICCAT）

　大西洋マグロ類保存委員会（ICCAT）は国際条約に基づき大西洋のマグロ類資源の管理をするために設立された国際機関

である。本部はスペインのマドリードで日本も加盟国である。日本人の三宅眞氏が30年近くにわたって事務局次長を勤めていたこともある。

ICCATではワシントン条約やFAOの動きをうけて，1995年にICCATの科学評議会である調査統計常設委員会の下部組織として混獲小委員会を設けた。1998年から2005年まで，著者が委員長を勤めた。ICCATでは漁獲統計を見直して，新たにサメの漁獲統計を事務局に提出するよう加盟国に呼びかけた。また何回かのサメ専門家会合を開催し，2004年には大西洋のヨシキリザメとアオザメの資源評価会議を実施した。外洋性サメ類の資源評価が行われたのは，地域漁業管理機関では初めてのことだった。

一方，ワシントン条約においては，具体的なサメの種類について，附属書への掲載提案を審議する段階に移った。これまでに提案された種類はノコギリエイ類，ホホジロザメ，ジンベイザメ，ウバザメなどである。以下にそれぞれの掲載提案について簡単に紹介したい。

4-4　附属書への掲載提案

(1)　ノコギリエイ掲載提案書

1998年の第10回会議において，アメリカはノコギリエイ科魚類2属7種を附属書Iに掲載する提案を行った。附属書I掲載提案とは，国際商取引の全面禁止を意味する。ノコギリエイは沿岸から汽水域，さらに上流の淡水域まで生息し，そのノコギリ状の吻の形状も特異な形をしており，生息域の特殊性およ

び現在の生息数から希少種と考えられるとの内容であった。日本にはノコギリエイ1種のみが生息している。

　提案書はノコギリエイそれぞれの種類について，分布，生息地の条件，個体群の増減，個体群の地域的傾向，生態系での役割，種の絶滅に関する脅威などについてまとめ，附属書掲載を勧告する内容であった。提案書によると，ノコギリエイ7種のうち4種までは個体群の状態や分布が不明であった。また個体群が減少しているとされる3種について，そのうちの1種については引用文献も多くそれなりに確度の高い情報があったが，他の2種については，個体群の状態が不明瞭であった。このときの審議では，ノコギリエイの掲載提案は多数決の結果，否決された。

(2)　ホホジロザメ掲載提案書

　ワシントン条約第11回会議ではアメリカ・オーストラリアがホホジロザメを附属書Ⅰに掲載する共同提案を提出したが，多数決の結果，否決された。

　提案書によると，ホホジロザメの個体群については以下のように書かれている。

　南アフリカの沿岸で1989-1993年に実施された標識放流で本海域の個体群が1,279尾であると推定された。オーストラリアの成魚個体群は1万尾以下と推定され，過去3世代（約30年間）に少なくとも10%の減少がおきている。またオーストラリアでは，年間500尾のホホジロザメが人為的な要因で死亡している。

写真4-6　港に水揚げされたホホジロザメ
（仲谷一宏氏提供）

　それぞれの海域の個体群は，例えばオーストラリアの南東岸では，スポーツフィッシングで漁獲されるホホジロザメと他のサメ類の割合が1960年代には1：22（ホホジロザメ1尾に対し他のサメが22尾漁獲された）であったのが，1970年代には1：38，1980年代には1：651に減少したと報告されている。同様な比較がアメリカ東岸でも行われ1965年には1：67，1983年には1：210と報告されている。オーストラリア南部の漁業でも1950年代には年間およそ25尾のホホジロザメが漁獲されたが1990年までの10年間では年間1.4尾に減少した。しかし提案書はこれら数字が同時に漁場の変化を反映している可能性があることも指摘している。

　「本種に対する脅威」としては，漁業による減少，餌生物の減少，海水浴場の防護ネットによる死亡，ホホジロザメを狙う

漁業と遊漁の増加，生息域の減少，漁業の混獲による死亡をあげている。これらホホジロザメの死亡原因について，漁獲統計のような具体的な数字はない。

(3) ウバザメ掲載提案書

2000年の第11回会議には，イギリスによるウバザメの附属書Ⅱへの掲載提案が，多数決で否決された。そこでイギリスは附属書Ⅲに掲載する修正提案を行った。附属書Ⅲは各締約国が，自国における捕獲又は採取を防止するために他国の協力を求めるもので，加盟国だけの判断で決定できる。

その後，2002年の第12回会議で，イギリスは附属書ⅢからⅡへの修正提案を行い，賛成多数で可決された。イギリスは第11回会議では提案を多数決で採択するには不利とみて，自国

写真4-7　港に水揚げされたウバザメ

の提案だけでとおる附属書IIIに修正し，次回の会議で附属書IIIからIIへとレベルアップを図る作戦に出たのである。以下にウバザメの掲載提案書の内容をまとめてみよう。

【要　約】

　ウバザメは南北両半球の温帯域に広く分布し，大陸棚に生息する。本種はプランクトン食性である。卵胎生で少数の幼魚を生み，世界で2番目に巨大な魚である（10m以上，5-7トン）。本種の成長は遅く，性成熟には長い時間がかかり（12-20年），長い妊娠期間（1-3年）と同様に長い繁殖周期,低い産仔数（唯一の記録はわずか6尾であった），さらに個体群も小さいと考えられる。

　ウバザメ漁業については,北西大西洋でいくつか報告があり，それによると資源は20-30年で50-90%まで減少している。これらの減少は漁業が終わった後でも，回復する兆しのないままに長く続いている。ウバザメの目視観察のデータも同様な傾向を示しており，餌の供給量の変化や海洋環境の変動など，漁業以外の要因も考慮する必要がある。

　ウバザメは，伝統的に肝油中のスクワレンを採取するために漁獲されていた。現在この需要はほとんどなくなったが，ウバザメのヒレの需要は拡大している。ウバザメ1尾のヒレは90kg以上あり，報告されている値段は100-300ドル/kg（乾燥），26ドル/kg（生）である。1個体のヒレは6,000ドル以上で取引されると報告されている。

（要約終わり）

本提案書は，1946年から2001年までの北東大西洋におけるウバザメ漁業の水揚げ記録（ノルウェー，スコットランド，アイルランド）を上げ，これらの水揚げが1950-1970年代に2,000-3,000頭の水揚げがあったのが，1990年代には500頭以下になったとして，資源が減少したとしている。しかし漁獲努力量の資料はなく，水揚げ量の減少は漁獲努力量の減少を反映しているのかもしれない。それでもこの提案が採択されたのは，生物が危機的な状況に陥る前に行動を起こすべきとした，予防原則という主張が多くの賛成を獲得したためである。

(4) ジンベイザメ掲載提案書

ジンベイザメは，地中海を除く世界中の温帯から熱帯にかけて広く分布しており，主にプランクトンを捕食する。胎生で，体長20m，体重34トンに達する世界最大の魚類である。しかし，ジンベイザメは研究例が少なく，その生活史にはなお不明な点が多い。2000年の第11回会議では，アメリカによりジンベイザメの附属書Ⅱ掲載が提案されたが否決された。2002年の第12回会議にジンベイザメの附属書Ⅱへの掲載提案が，インド，フィリピン共同で再提出され，多数決で可決された。

2000年にアメリカが提出したジンベイザメの掲載提案書では，個体群についてフィリピンのある場所で漁獲率がボートあたり4.4尾から1.7尾，他の場所ではボートあたり10尾から3.8尾に減少し，台湾では漁獲が年間30-100尾から10尾以下に減少したとしている。またモルディブでも減少し，タイではダイビングの際のジンベイザメ目撃数が減少したとしている。

写真4-8　ジンベイザメ（かごしま水族館提供）

　ジンベイザメはインド，パキスタン，中国，インドネシア，フィリピン，台湾，日本，モルディブ，セネガル，マレーシアで利用されている。特に貿易では，最近需要が伸びて価格が高騰している台湾で，フィリピンからの輸出量が増えていると指摘されている。インド・フィリピン共同提案の要点を以下に要約する。

【要　約】
　従来，ジンベイザメは木製漁船の耐水用に使う肝油を採るために捕獲されてきた。近年では，国際貿易においてその肉やヒレの需要が増加している。台湾はジンベイザメ肉の需要が多いことが知られているが，おそらく中国でも本種の肉が流通している。中国，台湾およびシンガポールでは大量のヒレが売買されている。ジンベイザメを保護種としているフィリピンから，

台湾および香港へのサメ肉の違法輸出と密漁が後を絶たない。

　発展途上国を含む世界の多くの地域において，ジンベイザメを観察するエコツーリズムが行われるようになった。ジンベイザメを使ったエコツーリズムは，すでにドル箱産業となっており，持続可能な開発として今後さらに発展するだろう。本種は高度回遊性であるが，回遊範囲の一部海域でのみ保護されている。商業漁業は管理されていない。

（要約終わり）

　本提案書によれば，ジンベイザメの大規模漁業が存在するのは台湾，フィリピン，インドである。フィリピン，インドではジンベイザメの漁獲を法的に規制しているが，違法な漁業があり，主要な消費国である台湾に輸出している。ワシントン条約の枠組みを使うまでもなく，3国間の協調があれば，ジンベイザメは保護できそうである。

　以上，これまでワシントン条約会議に提出されたサメ類の附属書提案に関して，簡単に紹介した。ノコギリエイ提案は否決されたものの，ホホジロザメ，ジンベイザメ，ウバザメ提案は可決され，これらの種がワシントン条約の附属書に掲載された。このことから，サメはワシントン条約で保護される生物として，国際的に認知されたといわざるを得ない。今後これらのサメに対する科学的な情報が集積されれば，附属書から削除されるかもしれないが，その可能性は低い。サメ類保護に関しては，その情報の少なさがそもそも最大の問題である。

4-5　その他の保護・管理活動

(1)　我が国のサメ保護・管理国内行動計画

FAOの勧告を受けて，日本では平成11年度より水産庁委託事業として，サメ行動計画作成検討委員会をたちあげた。委員会は日本で漁獲されている板鰓類資源の現状を評価するために，サメ・エイ類の漁獲が多い4つの資源グループ（北海道周辺カスベ類，東北沖および日本海のアブラツノザメ資源，以西底曳き漁業，延縄漁業で漁獲される外洋性サメ類）に大別して情報を収集し，評価する体制を構築した。評価の結果，必要と認められたときは，管理方策を政府に提言するというのが，日本版サメ類保護・管理国内行動計画の骨子である。

この日本版サメ類の保護・管理に関する国内行動計画は，アメリカ，ニュージーランド，オーストラリアなどの国内行動計画とともに，2001年にFAO漁業委員会に提出された。その後，継続的に2年ごとの見直しを行い，FAOに報告を行っている。

これを受けて，水産総合研究センター遠洋水産研究所では，1992年からマグロ延縄漁業で漁獲されるサメ類に関する調査を開始した。この調査では，水産高校の実習船や水産庁の調査船による外洋性サメ類の大きさや重さ，性別などの生物調査，漁獲調査とともに，一般漁船に漁獲成績報告書資料を提出してもらう漁獲調査が行われ，さらには各都道府県にお願いして主な港でのサメ類水揚げが調べられた。これら調査をもとにした外洋性サメ類の資源状態に関する報告は，これまで，ワシントン条約動物委員会，大西洋まぐろ類保存国際委員会，アメリカ

の水産学会などで報告されている。

(2) 国際自然保護連合サメ専門家グループ（IUCN SSG）

国際的なサメの保護に関して重要な役割を担った機関として，国際自然保護連合があげられる。国際自然保護連合は正式名称を「自然及び天然資源の保全に関する国際同盟」（IUCN; International Union for Conservation of Nature and Natural Resources）といい，1948年に設立された。会員は国家会員，政府機関会員,非政府機関会員等に分かれる。2005年2月現在，国家会員77か国，114の政府機関会員及び807の非政府機関会員等が加盟している。日本は1995年に国家会員として加盟している。

IUCNは，世界中の生物多様性の保護に取り組む専門家からなるボランティアネットワークである6つの専門委員会（種の保存委員会，世界保護地域委員会，生態系管理委員会，教育コミュニケーション委員会，環境経済社会政策委員会，環境法委員会）を持っている。このうちの「種の保存委員会」は毎年「絶滅の恐れのある生物リスト（レッドリスト）」を作成している。

この「種の保存委員会」の下にサメ専門家グループ（SSG; Shark Specialist Group）が1991年に結成された。会員は各国のサメの専門家および環境NGOで構成されている。1993年タイのバンコクで，サメ専門家グループによるサメ保護のための行動計画の検討が行われた。またアメリカ，ロサンゼルスで1994年にサメ専門家グループの会議がもたれ，サメ行動計画の説明がなされた。これらサメ専門家グループの活動は，1994

年の第9回ワシントン条約会議でサメ決議（サメ資源，貿易などの情報を収集し，保護が必要か否かの論議を始める決議）が採択される原動力となった。

その後，1996年にオーストラリアのブリスベンで開催されたサメ専門家グループ会議では，サメ類をIUCNのレッドリストに掲載するための話し合いが行われた。この会議でサメの多くの種類について，IUCNレッドリストの基準のどれにあてはまるかの判定が，出席者の多数決で行われた。もちろん事前にそれぞれの種についての評価レポートがメールで配布されていたが，議論もあまりなく，多数決で次々と評価を決めていくやり方には少々疑問を感じざるを得なかった。

その後もサメ専門家グループの活動は続き，現在もサメのレッドリストの見直しを行っている。現在でもサメ専門家グループの作るレッドリストが，サメ掲載提案の根拠となっている例は多い。

(3) それでも残る希少種の問題

このようにサメ保護問題が世界で取り上げられてから，FAOやその他の国際漁業管理機関でも日本でも，サメ資源の保護と管理の動きが始まった。しかし，それでもまだ問題は残っている。漁業であまり獲られないような希少種の問題である。サメの種類は日本周辺だけでも100種類くらいいるので，まれに漁業で獲られるような種類もいる。漁業でたくさん獲らないのなら，そのサメが絶滅の危機にあることはなさそうだが，漁業以外の原因で数を減らしているかもしれない。

最近のワシントン条約で附属書掲載が採択されたジンベイザメ，ホホジロザメ，ウバザメはそんな種類である。日本にこれら3種類の大型のサメを狙った漁業は現在ない。これらの種類は漁業で獲られるわけではないので，日本で漁業をコントロールしてサメを保護しようとしても，効き目がないだろう。このような種類に関してはその数が減っているのかどうか，漁業とは別の手段で調査しなければならないだろう。

(4) 答えの出せない問題にどう取り組むか

この3種のサメの附属書掲載提案がワシントン条約会議で採択されたとき，日本は留保した。理由はこれらサメ類の資源状態について不明瞭な点が多かったからである。世界中でもこれらのサメ類を直接狙った漁業はほとんどないので，漁獲統計がないのである。そのためにこれらの種類が減っているのか，増えているのかなかなかはっきりとしたデータがない。

漁業や狩猟を放置しておけば，ある種の生物が絶滅するかもしれないし，かといって禁止すれば，それに関連した人々の生活が影響される。生物を捕って生活をしている人がすべて密猟者とは限らないので（むしろ，ほとんどの場合は普通の漁民などの市民だろう），生物を保護するにしても，持続的に利用して行くにしても，どちらの場合も慎重な判断が望まれる。

Study 2　国際漁業管理機関

漁業資源，魚はだれのものだろうか？　各国の領海あるいは排他的経済水域（EEZ）内であれば，大陸棚に埋まっている石油資源などの

地下資源と同様に、その国の資源とみなされている。問題は排他的経済水域の外側の外洋にいる資源や数か国間の領海を移動する回遊魚などである。これらの魚類あるいは水産生物は国際条約のもとで管理され、有効に利用されている。例えばマグロに関したものだけでも、大西洋まぐろ類保存国際委員会（ICCAT）、全米熱帯まぐろ類委員会（IATTC）、中西部太平洋まぐろ類委員会（WCPFC）、インド洋まぐろ類委員会（IOTC）、みなみまぐろ保存委員会（CCSBT）などがある。マグロ漁業以外では国際捕鯨委員会（IWC）、南極の海洋生物資源の保存に関する委員会（CCAMLR）、北西大西洋漁業機関（NAFO）、北太平洋溯河性魚類委員会（NPAFC）などがある。

　これらの委員会はたいていアルファベットの略号で国際的に通じるが、一部呼称が特殊なものがある。大西洋まぐろ類保存委員会であるICCATは「アイキャット」と呼ばれる。同様にCCAMLRは「カムラー」であり、NAFOは「ナフォー」である。これらの委員会は日本の漁業にとってなじみが深いものであり、ICCAT、CCSBT、NPAFCなどでは日本人の職員がいるか、あるいはいたことがある。みなみまぐろ保存委員会の公用語には日本語が入っている。

第5章
サメと人間
―サメと共存していくために―

ベーリング海でサケをくわえジャンプするネズミザメ
(Kenneth J. Goldman氏提供)

5-1 サメによる被害と共存

これまでサメの利用や保護の問題を取り上げてきたので，ここではサメのマイナス面であるサメによる人的被害や漁業被害について取り上げてみたい。

(1) 世界のサメ被害例

アメリカでは第二次世界大戦時から，航空機や艦船の乗組員がサメに襲われるので，その被害の研究も盛んだった。アメリカ海軍はモート海洋研究所に依頼して，20年以上にわたる世界のサメ被害の実態を調査した。この事業は，現在でも博物館に受け継がれて資料（Shark Attack File）が収集されている。その報告書には世界のサメによる攻撃例およそ1,000件が分析されている。世界のサメ被害の年平均は約28件になる。また，そのうち死亡例は全体の約3分の1であった。つまり世界全体で，年間約10人がサメに襲われて死亡していることになる。

ひとつ，めずらしい事件を紹介しよう。アメリカはニューヨークの南に位置するニュージャージー州の運河で人がサメに連続して襲われ，町をあげてパニックになったことがある。第一次世界大戦の最中の1916年7月，12日間に連続して3人の男性と1人の少年がサメに襲われて死亡し，さらに少年1人が重症を負うという事件が発生した。

1916年7月1日，ニュージャージー州の海岸で遊泳中の男性がサメに襲われたところから事件は始まる。近くにいた海水浴客が異変に気付き海岸に引き上げたが，その夜，男性は病院

で死亡した。その5日後の7月6日、ホテルのベルボーイが沖のブイを超えて遊泳中に、サメに襲われ、海岸で彼の死亡が確認された。

　7月12日、大西洋岸の内湾の町マタワンで12歳の少年が運河の遊泳場で友人と遊んでいた。少年は友人が見ている中で、突然水中に消えた。少年は叫び声とともに水面に現れたが再び没し、そのまま行方不明となった。同日、行方不明の少年を探索していた24歳の男性が、そのすぐ上流で襲われた。彼は少年の死体を発見し、陸上に取り上げていたときに、右足の大腿部外側を攻撃された。彼は搬送先の病院で死亡した。続いて、その下流で遊泳中だった14歳の少年が犠牲者となった。サメは少年の足に噛みつき、彼は重症を負ったが、のちに歩けるまでに回復したという。

　2日後の7月14日、沖合いで漁獲された2.6mのホホジロザメの胃中から2本の骨が発見され、精査の結果、少年の大腿骨であると確認された。一連の被害がすべてこのサメによるものかどうかは明らかではない。これが、サメが淡水の運河に遡って人を襲っためずらしい事件のあらましである。

(2) 日本のサメ被害例

　さて、日本の場合であるが、世界で年平均10人ということだから、日本ではさらに少ない。新聞や文献の情報によると、日本では過去43年間に12件のサメによる被害があった。これは3～4年に1件程度の割合で事故が起きていることになる。日本でも年間何千万人の人が海水浴あるいはマリンレジャーを

していることを考えると，確率的にほとんど起きない事故だと考えて良いだろう。例えば，日本で1年間に交通事故で亡くなる人は約1万人，アメリカでは2万人，アメリカでは交通事故のほかに，銃を使った殺人事件で亡くなる人が年間約2万人いる。サメの事故の確率として，よく引き合いに出されるのは，ハチに刺される事故，雷に撃たれて死亡する事故などである。確率的には，年間に山でハチに刺されて死ぬ人のほうが，圧倒的に多いだろう。それにしても，海にサメがいて，人間と出会う限り，恐怖の存在であることにかわりはないのだが…。

(3) 危険な種類は？

さて，世界に約500種類いるサメがすべて悪役というわけではない。これまで，人を襲ったとされている種類は約30種。サメの種類数の1割以下である。このうち被害がよく報告されている種類は10種にも満たない。これまで，人に対する危害が報告されている種類には，ホホジロザメ，イタチザメ，オオメジロザメなどがあげられる。

(4) アメリカ海軍によるサメ回避試験

アメリカ海軍は，海中に墜落した飛行機や沈没した船舶から海中に転落した人が，サメに襲われないようにする方法を模索していた。そして第二次大戦中に酢酸銅とニグロシン染料を混ぜたサメ撃退薬なるものを開発し，遭難したときに使う救命胴衣に取り付けていた。しかし，これはほとんど役にたたず1976年に使用が中止された。およそ20年以上前に開発された

のは「シャークスクリーン」という救命具で,おおきなプラスチックの袋の口に浮き輪を取り付けたようなものであった。使用しないときのサイズは76mm×114mm×178mm,重さは0.45kgで小さなポケットにすっぽり入る。使用するときは広げて,バッグの中に海水を入れて,遭難者がすっぽりと入る。その結果,サメに対して血液や尿などのにおいを遮断し,視覚的にも見えないようにしたものである。

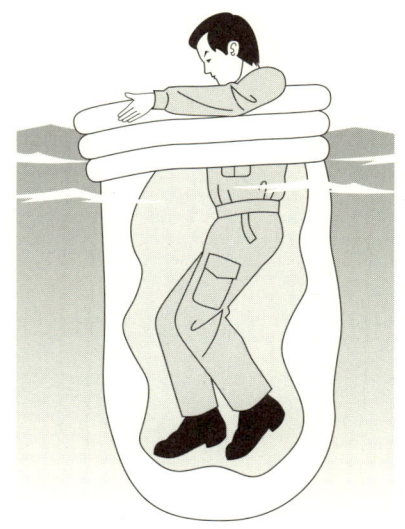

図5-1 アメリカ海軍が開発したシャークスクリーン
（Taylor&Taylor,1986より）

(5) サメによる漁業被害

　サメは人的な被害だけでなく,漁業被害もおよぼす。高次捕食者であるサメにとって,漁具にからまってばたばたと暴れている魚類は,もっとも捕りやすい餌に見えるだろう。サメによる漁業被害はさまざまな漁業で知られており,漁具にかかった魚をサメが食べられる状況にあれば,どのような漁業でも起こる可能性がある。サケ・マス流し網にかかったサケを食べるネズミザメから,マグロ延縄漁業で漁獲されるマグロ,キンメダ

イの底延縄などがサメの被害にあっている。小型のかけまわし漁業で網を船にあげるときに、サメが袋網に噛み付いて破るとの報告もある。サメではないが、ナルトビエイがアサリの漁場に出現して、アサリを食害してしまうような被害もある。

　これらのサメ害の対策としてサメ駆除を行うことがある。ミナミマグロ漁場では、ヨシキリザメの食害がひどいときは、まずヨシキリザメを駆除し、サメの食害が減ってからマグロを獲り始めるそうである。サメ・エイ類の駆除は沖縄の漁業に被害を与えるイタチザメ、千葉のキンメダイ漁業に被害を与えるアオザメ、ネズミザメなどのサメ類、アサリ漁場でのナルトビエイなどで知られている。また、漁獲物を直接サメに食べられるだけでなく、食害で資源が減らされるような間接的な被害もある。先のナルトビエイの例がそうであるし、アラスカではアブラツノザメが増えて、ニシンに対する食害が深刻だった時期があった。

(6) 電気ショックでサメ害から守る

　サメを研究していると、サメ被害に関する問い合わせがくることがある。例えば伊豆大島から伊豆半島までの遠泳をやるのだがサメに襲われないためにはどうしたらよいかとか、漁師さんからは底曳き網にサメが喰いつくのだが、防ぐ方法はないか、あるいは干潟のアサリ漁場で、ナルトビエイによる食害がひどいがなんとかならないかなどである。これらの解決手段は、いかにサメを対象に近づけないか、ということである。柵や檻などを使用して物理的にサメを遮断するか、サメがいやがる方法

でサメに逃げていってもらうかである。サメ・エイ類にはロレンチニ氏器官という電気刺激を感知することができる器官が頭部に集中している。そこでサメの電気感知能力を逆用してサメを撃退する方法が研究されている。

　南アフリカのナタールサメ被害防止研究機関が開発した，電気パルスを応用したサメ避け装置でシャークポッド（Shark POD; Shark Protective Oceanic Device）という機械がある。これはスキューバのタンクにバッテリーの入った本体を取り付け，そこから伸ばした電極を足ヒレに取り付ける仕組みになっている。そして，本体の電極と足ヒレの電極の間でプラス，マイナスの電位差を作り出し，ダイバーを中心に電場を作って，サメを近づけないようにするものである。実際には片方の電極にプラス 30V，もう片方にマイナス 30V の電位を作り，電位差が 60V，電気パルス間隔が約 1 秒の電場を形成する。電気パルスとは極めて短い時間に電気を流す方法である。身近なものでは高周波電気パルスを利用したマッサージ器具などがある。

　この装置のフィールド試験では，ホホジロザメやオオメジロザメが回避行動をとるなど，ある一定の効果が認められているようだ。また，イタチザメ，オオセ，ネコザメの仲間，あるいは捕食行動をとっているホホジロザメなどでは，この装置の有効性が確認できなかったことが報告されている。電気刺激による回避試験では，サメの種類により，その効果に差があることが報告されている。

　近年，石川県の漁協から底曳き網漁船の網にサメが噛み付くので，なんとかならないかとの相談が寄せられていた。そこで

これまでの生態研究のノウハウを生かし，サメ害を防ぐことができないかと，石川県，珠洲市漁協，テクノパルス㈱と共同で底曳き網にかみつくサメを追い払うための実験を行った。

板鰓類は，頭部を中心にぷつぷつと小さな穴が開いたロレンチニ氏器官によって，微弱電流を感知することができる。これによってサメは砂に隠れている魚や離れている魚を探し出すことができる高感度センサーあるいはレーダーをもっていると言えよう。しかし，サメは微弱電流に敏感な分だけ，他の魚や動物にくらべて電気に弱い。今回の研究はこの原理を応用し，漁船の周りにバリアーのように電場を作ってサメを追い払おうというアイデアである。

写真5-1　能登で操業するかけまわし網漁船のコッドエンド。この部分にサメが噛み付く。

共同研究者であるテクノパルス㈱はすでに高周波電気パルス発生装置を開発し，発電所などの冷却水とり込み口から進入するカメノテなどの付着生物の幼生を眠らせ，施設外に排出する技術を持っていた。実際の装置は船底に電極を埋め込み，電極間を高周波パルスで秒間何回か電流を流すのである。高周波パルスの電気刺激をマッサージに使用する機械があるが，ちょうどあれが大型化したような装置であると考えれば良い。

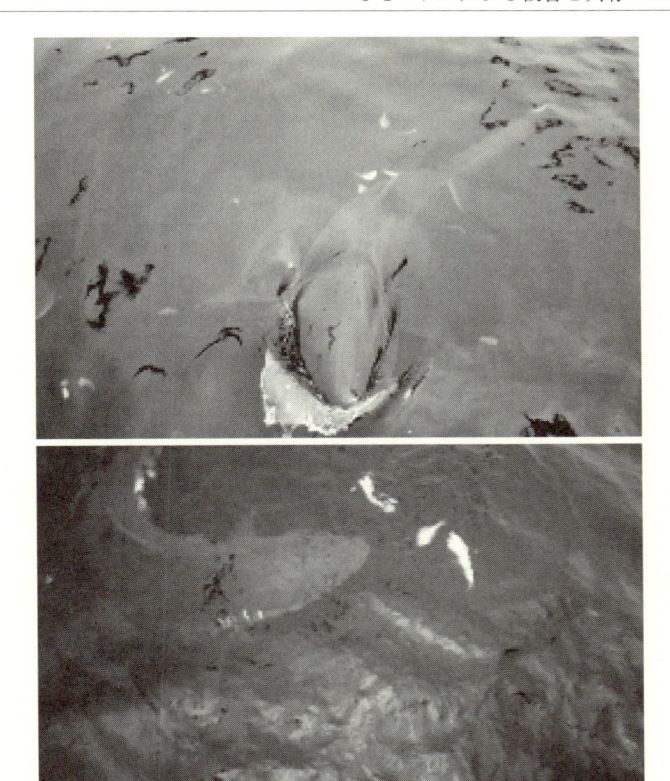

写真5-2　水面から頭をだしたサメ（上）と漁船の周りを泳ぐサメ（珠洲市漁協の漁業者が撮影）

　これまでのところ使用した漁業者の評判もまずまずで，関係者の観察例では，底曳き網を船に取り込むとき，網に噛み付こうとしていたサメがスイッチを入れたとたんに大きく水面上にジャンプして反転し大慌てで逃げたのが観察されている。サメ

128　第5章　サメと人間

図5-2　サメショッカーの概念図

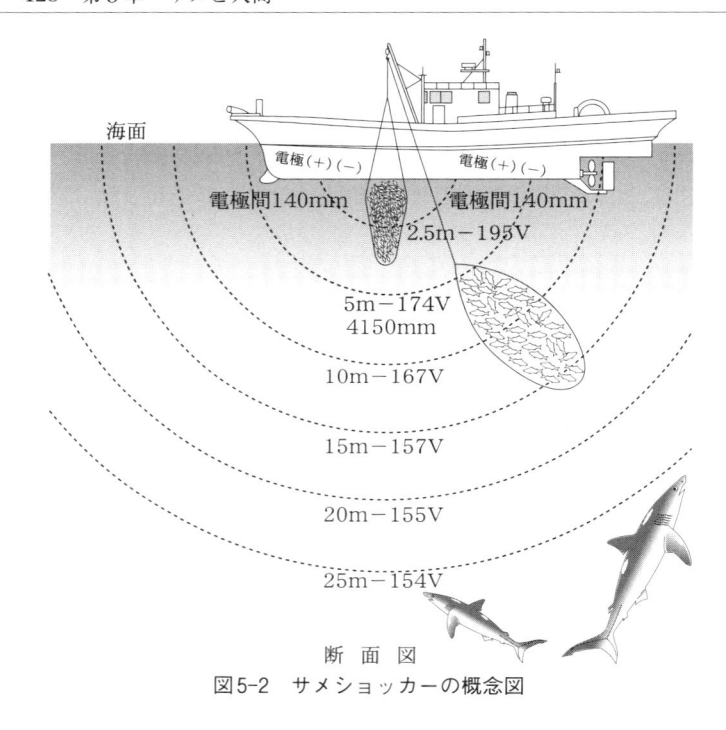

も相当ショックだったようで，我々はこの機械に「サメショッカー」と名前をつけた。その性能について，船からどの程度の範囲で効果があるかとか，サメの種類はなんであるかとかについては現在調査中であるが，将来的にはサメが出没した海水浴場での使用や，遠泳に随伴する漁船に装備させるなど，応用範囲は広いと考えられる。現在も本装置の効果に関しては多くの漁業関係者から問い合わせがあることから，関心の高さを示している。

(7) ナルトビエイの食害から守る

　サメ・エイ類による漁業被害として，ナルトビエイによるアサリの食害がある。ナルトビエイは九州や瀬戸内海に出現する南方系のエイである。その顔がイルカに似ていることから水族館でも人気があるが，有明海では浅瀬にやってきてアサリを食べる。アサリのほかに岸壁についているカキやイガイなども食べる。ナルトビエイの下アゴからは砂に潜っているアサリを掘り出すのに便利なヘラ状の突起が出ている。

　このナルトビエイによるアサリ被害はかなりのものになるらしく，漁業者はナルトビエイの被害を防ぐためにさまざまなことを行っている。例えば，干潟にガーデニング用のプラスチックの棒を2, 3万本も立てたり，アサリの漁場を数kmにもおよぶ竹垣で囲ったりして被害を未然に防ごうとしている。このような作業は数百人が2, 3日にわたって行う必要があり，漁

写真5-3　アサリの天敵ナルトビエイ
（かごしま水族館提供）

業者にとっては大きな負担となっている。

このナルトビエイによるアサリの被害を防ぐために，先に述べた電気刺激を応用したナルトビエイ回避装置の実験が行われている。これは前節で述べたサメショッカーのまったくの応用であるが，干潟に装置を設置して電場を作り，ナルトビエイが侵入できないようにするというものである。具体的には干潟に竹で組んだ筏を設置し，その上に高周波電気パルス発生装置を備え付ける。電極は筏の下から水中に垂らす。装置をのせた筏は潮の干満によって上下し，それによって高周波電気パルス発生装置は常に水上に保たれる。

竹の筏に乗った装置が潮の満ち引きで上下する。
写真5-4　ナルトビエイ回避装置の実験施設
(熊谷敦史氏提供)

この装置により期待された効果が得られれば，アサリをナルトビエイの食害から守ることができる。漁業者は，園芸用のプラスチック棒を毎年干潟に3万本も建てたり，竹垣を作ったりして，ナルトビエイを防ぐ必要がなくなり，アサリ漁業の被害と漁業者の負担は軽減されるようになる。この装置が実現すれば，サメ・エイ類を傷つけずに漁業生産を確保することが可能となり，またひとつサメ・エイ類と人間との共存の道が開ける

5-2 エコツーリズム

(1) ダイビングではサメは人気者

　サメと共存し,殺さずに商売に結びつける方法はほかにもある。いわゆるエコツーリズムといわれているもので,自然を体験するツアーのことである。特にダイバーの間ではサメは人気がある。ダイビングも慣れてくると海に潜ってなにを見るかで嗜好が分かれるようで,海草に付く小さなエビやウミウシの観察を楽しむミクロ派から,南の島へ行ってオニカマスの群れを見るような大物派などがいる。特に人気があるのはシュモクザ

写真5-5　ダイビングでの人気者マンタ
（鈴木　栄氏提供）

メとマンタでそれぞれ有名なスポットがある。シュモクザメでは伊豆の御子元島，マンタでは沖縄の石垣島などが有名である。

(2) ジンベイザメ

ジンベイザメもダイビングで人気のあるサメである。タイのシミラン，オーストラリアのニンガルー，メキシコのボルボッシュ，モルディブ，フィリピンのドンソールなどはジンベイザメを見ることができるスポットとして有名である。日本ではジンベイザメを売り物にしているダイビングスポットはないが，沖縄で生簀に入れたジンベイザメとダイバーを泳がせるダイビングショップがあるようだ。

以前にジンベイザメに発信機を付けて追跡する実験をしていたときに生簀に入れたジンベイザメと泳いだことがある。水中でみていると，ジンベイザメはゆったりと寄ってくるように見えるのであるが，一緒に泳いでみると意外に早く，アシヒレをつけて全力で泳いでようやく一瞬追いつけるような状態だった。遊泳速度は1-2ノットといったところだろうか。何周目かに背鰭につかまってしばらく引っ張ってもらったが，思っていた以上の速さだった。また触る場所によっては大きなジンベイザメがビクンと敏感に反応したので，サメにストレスをかけないように，なるべく触れないようにした。

ジンベイザメはダイビングによるウォッチング以外にも別の利用方法がある。カツオや小型のマグロは流木などの漂流物の下に付く性質があり，ゆったりと泳いでいるジンベイザメの下にもつくことがある。これを漁師はサメ付き群と呼んでいる。

そこで，まき網漁業ではジンベイザメを探して，ジンベイザメごとカツオの群れを巻き，カツオだけを漁獲して，ジンベイザメは網の外に逃がす。そして再びカツオの群れをおびきよせるために使うのである。これをサメ付き操業という。最近はサメ付き操業の割合が増加しているようで，全まき網船団で1漁期の間に何百回ものサメ付き操業があったと報告されている。

(3) ケージダイビング

南アフリカなどの地域では，ダイバーが水中の檻に入って身を守りながら，ホホジロザメなどの危険なサメを見せるケージダイビングがある。これはホホジロザメなどが生息する海域で動物の臓物や血を撒き餌にサメをおびき寄せ，観光で来たダイバーに危険がないように檻に入って，見学してもらうものである。

(4) スポーツフィッシング

アメリカなどでサメは，スポーツフィッシングの対象になっている。カジキやマグロなどの大物釣りの獲物をトロフィーといい，映画やテレビで見るように大型のクルーザーボートで釣り上げるものである。わざわざサメを狙ったシャークダービーと呼ばれる競技会も開催されている。釣り針にかかったらはずそうと暴れまわるカジキなどと違い（これを釣り人の間ではファイトするという），サメはただ重くて，引き寄せると船のすぐ近くの水面でようやく気付いて暴れだすというが，アオザメなどはカジキと同じように針をはずそうとして水面でジャン

プすることもあるようだ。アオザメはジャンプするサメとして知られていて、この種以外にもジャンプした証拠写真もある。ネズミザメもジャンプするし、ホホジロザメがジャンプした映像もある。エイ類ではトビエイ類やマンタがジャンプするのが有名である。

　以前に南の海に調査に行ったときに、船を流していると十匹近くのヨゴレが船に付いたことがあった。ずっと船についてきて、船から流す残飯を食べているのが観察された。このときはシイラや小マグロを狙ってルアーフィッシングをしたが、マグロを船に釣り上げる前に、よくヨゴレに横取りされた。いきなり竿がぐっと弓なりになって、次の瞬間にふっと軽くなるのである。誤って、ヨゴレがかかったこともあった。たしかに水面

写真5-6　ベーリング海でサケをくわえジャンプするネズミザメ（Kenneth J. Goldman氏提供）

近くまではじっくりじっくり寄ってくるが，水面で突然気が付いたように暴れ，やすやすと糸を切られて逃げられた。

5-3 水族館とサメ －かごしま水族館のユニークな試み－

　かつて水族館の客寄せの目玉は，イルカやアシカなどの芸をする哺乳類であった。しかし最近，水族館はさまざまな新しい試みを行ってきた。生きたイカ，クラゲの展示，マグロやカツオが泳ぎまわる水槽など，昔では考えられないような新しい試みも多い。近年は，集客効果のあるサメの展示も増える方向にある。以前は沿岸の小型種であるネコザメやホシザメなどの展示が多かったが，最近は大型水槽でシロワニやメジロザメ類，大型のエイ類などの展示を行うところも増えている。特に圧巻はジンベイザメである。この世界最大の魚類の展示効果は間違いなく大きく，水族館としては是非とも挑戦したい展示だろう。

　しかし，搬入時でも4-5m，最大13mにもなるといわれているジンベイザメの飼育を行うためには，水族館が装備として巨大な水槽を持っている必要がある。そのため実際にジンベイザメの飼育を行っているのは日本でも，沖縄の美ら海水族館，大阪の海遊館，鹿児島のかごしま水族館など数か所にすぎない。なかでもかごしま水族館は，ジンベイザメの飼育に関してユニークな試みを行っているので紹介したい。

　本来水族館の魚というのは，地元の定置網で獲れるか，海外から購入したものを搬入し展示している。これらの魚は一度搬入されると，そのまま水族館で一生を終えるものが大半である。これはジンベイザメの場合でも同じであるが，最大13mにも

136　第5章　サメと人間

写真5-7　かごしま水族館で飼育中のジンベイザメ
(かごしま水族館提供)

泳いでいる口の前でオキアミを与える。
写真5-8　ジンベイザメの給餌風景
(かごしま水族館提供)

なるといわれている種類なので，一生を水族館で飼育しようとすると，とてつもなく大きな水槽を装備する必要がある。そこでかごしま水族館では，ジンベイザメ飼育の大きさの限界を定め，その大きさに達したら海に返すようにしている。これで水槽の大きさとジンベイザメの成長の問題をクリアーしているのである。

　ここまでだと，そうかという程度の話であるが，驚くのはその方法である。かごしま水族館ではジンベイザメを4m程度で搬入し，6m以上で放流することにしているが，なにしろ6mを超す魚であるから体重は1トンを超えている。これを「船」と呼んでいる専用の水槽兼はしけに入れ，クレーンで吊り上げ，ビルの4階の高さから外で待機するトレーラーの荷台に移

写真5-9　ジンベイザメを特殊な水槽に入れてトレーラーに乗せているところ

動させる。ジンベイザメの入った「船」はトレーラーで関係者や報道関係の「護衛」を従え，コンボイを作って約 40km 離れた笠沙漁港まで輸送されるのである。港についたジンベイザメが入った「船」は漁船で沖に曳航され，放流される。その機械化された様子は子供のころに見たテレビ番組の「サンダーバード」を見るようである。この行事は地元の放送局や新聞社でも，大々的に取り上げられ報道されている。野生生物を水族館の展示のために一定期間飼育し，また海に返すという試みは，教育的にも良い効果が期待できるだろう。

　また，放流時にはジンベイザメの行動および回遊調査のための衛星発信機を取り付けた。鹿児島県沿岸の定置網にはジンベイザメが多く迷入するので，水族館に搬入する以外のジンベイザメにも衛星発信機や通常の標識を装着して放流した。この研究の結果，日本周辺のジンベイザメの回遊がおぼろげながら明らかにされつつある。水族館は入場者のために魚を展示するだけでなく，人知れずこのような先進的な試みも行っている。

おわりに

　本書ではサメの生態，利用，資源，サメの保護，サメとの共存などを紹介した。最後に，この保護運動が抱えている問題点を2つ指摘しておきたいと思う。

　1つはサメの保護運動では，どのサメが実際に危機的な状態にあるのか科学的に示すには至っていない。サメは漁獲圧に対し弱い，種が絶滅に瀕する可能性が高い，という前提だけで主張が成り立っており，実際これら会議に出席しても議論の中心は運動論であって，実際の資源の状態が論議されることは稀である。これでは保護団体が自らの存続のために，その対象をアザラシ，クジラ，イルカ，マグロからサメに変えてきたと見られてもしかたがないだろう。

　もう1つの問題点は，漁業サイドにある。漁業管理機関にはサメなどの混獲種の資源状態を評価する枠組みがなかった。これが環境保護サイドが投げかける疑問に明確に答えることができず，議論を長期化させる原因となった。ただし，上述したように漁業国を含むさまざまな機関で，サメの漁獲資料の収集が開始されており，今後資源状態について明らかにされていくだろう。

　生物の保護をめぐる国際的な世論について，以下のような解釈がある。ワシントン条約の発効当初は国際商取引で多くの種が絶滅の危機に瀕しているという認識があり，次から次へと新たな種が附属書に掲載された。また保護団体側も附属書への掲載を達成することが，自分たちの保護運動の勝利であるという

認識があった。この傾向は1989年に開催された第7回締約国会議で，アフリカゾウが附属書Ⅰに掲載されたころが頂点で，それ以降は多様な見解が現れてきているようだ。

　例えば，商業的な取引が野生生物保護に貢献する場合もあるという考え方で，生物種の持続的な利用をしつつ保護をしていくという考え方である。生物をきちんとモニターしながら利用することで，その生物にかかる捕獲の圧力や個体群の情報が整備されるので，結果として保護につながるという考え方である。このために第9回締約国会議は，アメリカで開催されたにもかかわらず，これまで大きな影響力を及ぼしていたアメリカが提出した提案のほとんどが否決された。第10回締約国会議では，条件付きではあったが，象牙の商取引が一部認められた。また，アメリカが提案した海産種作業部会の設立およびノコギリエイの附属書Ⅰ掲載提案はともに否決された。

　生物の保護をめぐる流れは，2つの方向に分岐してきているようだ。1つは動物の生存権（Animal right）や福祉を主張する方向で，これらを支持する団体は生物の利用，漁業そのものを否定している。他方は持続的な利用（sustainable use）と適正な管理を推進する方向で，資源の適正な管理を通じて種の保存にも貢献しようとするものである。この2つの主張は保護派，利用派などと呼ばれることもある。この分類は厳密なものではなく，団体によっては中間的な立場をとるものもいようし，論議となる動物の種類により各団体の見解が異なる場合もある（例えば人目をひくパンダやクジラでは無条件に保護派になるなど）。だが，主流は利用派のほうに傾きつつあるようだ。

地球の人口問題を考えると，陸上の食料生産は限界をむかえて，海洋生物資源に対する依存度は高くならざるを得ないだろう。将来を考えると，野生生物の利用を完全に否定する考えは非現実的である。ただし，一部の収奪的な漁業のあり方を改めなければ，穏健な利用派にさえ批判されかねない現実もある。海洋生物の資源量をモニターするには莫大な資金が必要である。そこで，漁業を通じて生物をモニターし，健全に利用すべきだろう。生物保護の時流を真摯にとらえ，乱獲の歴史にピリオドを打ち，新たな環境保護型漁業への脱皮のチャンスとすべきである。サメ保護問題を圧力・障害と受け取らず，漁業を国際的で持続的な産業とするよう一歩を踏み出すべきである。

　2007年1月

著　　者

参 考 図 書

(1) サメ類,中野秀樹,ワシントン条約附属書掲載基準と水産資源の持続可能な利用,松田裕之・矢原徹一・石井信夫・金子与止男編,自然資源保全協会,2004.
(2) サメの自然史,谷内透,東京大学出版会,1997.
(3) サメ・ウォッチング,ビクター・スプリンガー,ジョイ・ゴールド著,仲谷一宏訳・監修,平凡社,1992.
(4) 沖合サメ延縄漁業を中心としたサメ漁業の歴史と現状,樽本龍三郎,板鰓類研究会報,6-28., 1984.
(5) ワシントン条約とサメ,中野秀樹,遠洋,102: 2-7., 1998.
(6) 魚との道草 [7]母のサメ料理,野口祐三,水産界 2006 (2): 42-43., 2006.
(7) サメ類の利用・流通見聞録,中村雪光,板鰓類研究会報,59-68., 2004.
(8) アブラツノザメ,北川大二,平成16年度 国際漁業資源の現況,p.297-301., 水産庁・水産総合研究センター,2005.
(9) サメ肝油健康法,阿部宗明監修,読売新聞社,226p., 1976.
(10) 新版 水産食品学,野中順三九・橋本芳郎・高橋豊雄・須山三千三,恒星社厚生閣,298p., 1976.
(11) Sharks, Silent hunter of the deep, R. Taylor and V. Taylor, Reader's Digest. 208p., 1994.
(12) サメ,矢野和成,東海大学出版会,1998.

索　引

【あ行】

アイザメ ……………………………… 44
IUCN ………………………………… 114
IUCN SSG …………………………… 114
IUCNレッドリスト ………………… 115
アオザメ ……………………………… 58
アブラツノザメ ……………… 52,58,81
アホウドリ類 ………………………… 96
アルゴス社 …………………………… 74
r戦略者 ………………………………… 4
アンモニア …………………………… 52
以西底曳き網漁業 …………………… 82
インド洋まぐろ類委員会（IOTC）… 117
浮きザメ ……………………………… 15
ウバザメ ………………………… 46,108
ウミガメ ……………………………… 97
衛星追跡 ……………………………… 74
エコツーリズム ……………………… 131
SSG（Shark Specialist Group）…… 114
枝縄 …………………………………… 16
FAO行動計画 ……………………… 104
FAO（国連食糧農業機関）………… 47
遠洋水産研究所 ……………………… 113
オオメジロザメ ……………………… 22
大目流し網漁業 ……………………… 94
沖合底曳き網漁業 …………………… 82
オナガザメ …………………………… 37
オンデンザメ ………………………… 24

【か行】

回遊 ……………………………… 67,68,77
角質鰭条 ……………………………… 41
カスベ ………………………………… 51

かまぼこ ……………………………… 53
感覚器官 ……………………………… 25
ガンギエイ …………………………… 81
環境保護 …………………………… 92,94
ガンジスシャーク …………………… 22
肝油 …………………………………… 45
機船底曳き網漁業 …………………… 82
北太平洋遡河性魚類委員会（NPAFC）
……………………………………… 117
忌避試験 ……………………………… 26
嗅覚 …………………………………… 26
暁新世 ………………………………… 6
漁獲率（CPUE）…………………… 78
漁業被害 ……………………………… 123
魚肉ハム ……………………………… 56
キンメダイ漁業 ……………………… 124
クッキーカッターシャーク ………… 33
クラスパー …………………………… 9
クラドセラケ ………………………… 5
掲載提案 ………………………… 105,106
ケージダイビング …………………… 133
K戦略者 ……………………………… 3
公海流し網問題 ……………………… 94
高次捕食者 …………………………… 3
高周波電気パルス発生装置
………………………………… 125,126,130
高度不飽和脂肪酸 …………………… 43
交尾期 ………………………………… 24
国際漁業管理機関 …………………… 116
国際行動計画 ………………………… 80
国際自然保護連合（IUCN）………… 114
国際捕鯨委員会（IWC）…………… 117
国内行動計画 …………………… 80,113
古代ザメ ……………………………… 5
コホート解析 ………………………… 79

コラーゲン·················41
混獲小委員会·············105
混獲問題···················93
コンドロイチン硫酸·······41,46

【さ行】

サークルフック·············98
最大持続漁獲量·············79
CITES·····················99
鰓耙······················31
再捕率····················68
サイホンサック············10
サザエ割り················38
さつま揚げ················55
サメ・エイ類漁獲量·········81
サメ回避試験·············122
サメ皮····················41
サメ駆除·················124
サメ決議··················99
サメ行動計画作成検討委員会·······113
サメショッカー···········128
サメ専門家グループ（SSG）·········114
サメ付き群···············132
サメ付き操業·············133
サメ被害·················120
サメ保護運動··············79
産仔数····················89
ザンベジシャーク··········22
飼育法····················60
自記記録式標識············65
Shark Attack File········120
シャークスクリーン·······123
シャークポッド···········125
撞木······················29
シュモクザメ··············27
ジュラ紀···················5
潤滑油····················44

瞬膜······················27
食害·····················129
深海ザメ················15,20
深海散乱層················72
新生代·····················6
ジンベイザメ·······77,110,132,135
水深水温計················19
水族館···················135
スカベンジャー············32
スクワラン················44
スクワレン················43
スポーツフィッシング·····133
生育場····················22
成熟時間··················14
成熟年齢··················89
性成熟···················109
精嚢······················10
石炭紀·····················5
脊椎骨····················61
ゼラチン···············41,47
全米熱帯まぐろ委員会······64
増加率····················15
掃除屋（スカベンジャー）··32
底ザメ····················15

【た行】

体外受精···················9
胎生·····················12
大西洋マグロ類保存委員会（ICCAT）
 ·······················104
タペータム················27
ダルマザメ·············33,35
俵物······················40
地域漁業管理機関·········105
ちくわ····················53
中西部太平洋まぐろ類委員会（WCPFC）
 ·······················117

超音波標識·······68
超音波標識法·······65
聴覚·······26
釣獲率·······19, 86
追跡法·······66
DNA配列·······7
定置網·······75
テトラサイクリン·······63
デボン紀·······5
展示効果·······135
豆腐鮫·······58
動物委員会·······102
棘·······61
トリポール·······97
トリメチルアミンオキサイド(TMAO)
·······52

【な行】

内的増加率·······4
ナタールサメ被害防止研究機関·······125
なると·······54
ナルトビエイ·······124, 129
南極の海洋生物資源の保存に関する
委員会(CCAMLR)·······97, 117
軟骨魚類·······2
にかわ·······42
にこごり(煮凍り)·······42
二畳紀·······5
妊娠期間·······109
ネズミザメ·······48
ねり製品·······53
年齢形質法·······60
年齢査定·······62
ノコギリエイ·······105

【は行】

排他的経済水域(EEZ)·······116
白亜紀·······5
ハチワレ·······68
板鰓類·······2
繁殖周期·······109
繁殖率·······95
はんぺん·······54
反捕鯨キャンペーン·······92
ビタミンA·······45
ヒボーダス·······5
標識再捕法·······60
標識放流法·······65, 66, 67
フィッシュ・アンド・チップス·······58, 80
フカヒレ·······40
附属書·······101
プロダクションモデル·······78
棒サメ·······52
北西大西洋漁業機関(NAFO)·······117
捕食方法·······29
母川国主義·······93
ポタモトリゴン類·······21
ポップアップ式標識·······66
ホホジロザメ·······106, 107

【ま行】

マグロ延縄漁業·······16
マンタ·······132
みなみまぐろ保存委員会(CCSBT)
·······117
ムカシオオホホジロザメ·······6
メガロドン·······6
モウカ(毛鹿)·······49

【や・ら・わ行】

誘引効果 …………………………… 26
湯引き ……………………………… 83
ヨシキリザメ ……………… 22, 58, 85
予防原則 …………………………… 110
乱獲 ………………………………… 78
卵胎生 ……………………………… 12
輪紋 ………………………………… 61
ロレンチニ氏器官 ………………… 25
ワシントン条約 ……………… 99, 101
ワシントン条約動物委員会 ……… 99
ワニ料理 ………………………… 47, 50

「ベルソーブックス」刊行にあたって

　地球は水の惑星であり，その表面の70％は海です。人類は古来より，地球の生命を育む海にさまざまな恩恵を受けてきました。21世紀に向けて，いま直面する地球環境や人口，食糧問題等の解決に当たり，海は大きな役割を果たすものと期待されています。四方を海に囲まれた我が国は，古くから水産に関わる学問と文化を発達させ，この分野で世界の科学・技術をリードしてきました。

　社団法人日本水産学会では，創立70周年記念事業の一環として，私たちの生活と綿密な関係のある水産について，少しでも理解を深めていただくために，水産のあらゆる分野からテーマを選び，「ベルソーブックス」の名のもとに，全100巻のシリーズを刊行することにしました。

　「ベルソー」とはフランス語で星座の水瓶座（verseau）のことですが，フランスには"La mer est la berceau de la vie"（海は生命のゆりかご）という海洋生物学者モーリス フォンテーヌ教授の有名な言葉があります。この「ベルソー」の中にはverseauとよく似た発音のberceau（ゆりかご）の意も込めています。地球の水瓶，海を生命のゆりかごとして育った生物たち，それが海からの贈り物「水産物」です。

　このシリーズは，高校生や大学生，一般の方々に，水産に関するさまざまな知識や情報をわかりやすく，提供することをめざしています。

　本シリーズによって，一人でも多くの人が，水産のことに理解を深めてくだされば幸いです。

社団法人　日本水産学会

㈳日本水産学会　出版委員会（ベルソーブックス担当）委員

(敬称略，平成18年6月現在)

出版委員会委員長	左子芳彦（京都大学大学院）
出版委員会副委員長	（ベルソーブックス担当）
	竹内俊郎（東京海洋大学）
水産生物分野	金子豊二（東京大学大学院）
漁業生産分野	東海　正（東京海洋大学）
水産工学分野	古澤昌彦（東京海洋大学）
水産環境分野	福代康夫（東京大学アジア生物資源環境研究センター）
増養殖分野	竹内俊郎（前　掲）
資源管理分野	松田裕之（横浜国立大学環境情報研究院）
水産利用・加工分野	小川廣男（東京海洋大学）
水産経済・流通分野	多屋勝雄（東京海洋大学）
水産文化・歴史分野	森本　孝（元水産大学校）
海洋科学分野	山本民次（広島大学大学院）
調理・料理分野	畑江敬子（和洋女子大学）

執筆者略歴

中野 秀樹（なかの ひでき）

- 1957年　静岡県生まれ
- 1981年　北海道大学水産学部卒業
- 1988年　北海道大学大学院水産学研究科博士課程中退
  　　　　水産庁遠洋水産研究所入所
- 1990年　水産学博士（北海道大学）
  　　　　1年間IATTC（全米熱帯まぐろ委員会）に出向
- 1998年　水産庁遠洋水産研究所混獲生物研究室長
- 2005年　水産庁研究指導課研究企画官
  　　　　現在に至る

ベルソーブックス028
海のギャング サメの真実を追う　定価はカバーに表示してあります。

平成19年2月28日　初版発行　　　　　ⓒ2007

- 著　者　中野 秀樹
- 監　修　㈳日本水産学会
- 発行者　㈱成山堂書店
  　　　　代表者 小川 典子
- 印　刷　亜細亜印刷㈱

発行所 ㈱成山堂書店
〒160-0012　東京都新宿区南元町4番51　成山堂ビル
TEL：03(3357)5861　　FAX：03(3357)5867
振替口座　00170-4-78174
URL　http://www.seizando.co.jp
E-mail　publisher@seizando.co.jp

Printed in Japan　　　　ISBN978-4-425-85271-0

全百巻 続々刊行中！

ベルソーブックス
海と魚は21世紀のキーワード

（社）日本水産学会 監修

001 魚をとりながら増やす 東京大学海洋研究所教授 松宮義晴 著 186頁
＊限りある水産資源を絶やすことなく，効率良く利用するための考え方。

002 あわび文化と日本人 大場俊雄 著 186頁
＊食料や縁起物など，縄文時代から現代に至るアワビとの深い絆を紹介。

003 魚の発酵食品 東京水産大学教授 藤井建夫 著 164頁
＊微生物や酵素の知られざる働きと魚の伝統食品の関係を探る。

004 魚との知恵比べ (2訂版) 鹿児島大学水産学部教授 川村軍蔵 著 182頁
－魚の感覚と行動の科学－
＊魚が好きな色や音，匂いは？漁師も釣り人も知っておきたい魚の性質。

005 世界の湖と水環境 人間環境大学教授 倉田 亮 著 204頁
＊世界中を巡り，各地の代表的な湖やその周辺の自然・人の営みを紹介。

006 熱帯アジアの海を歩く 北窓時男 著 194頁
＊南海に浮かぶ「k」の字スラウェシ島の漁村を巡り，生活・文化を訪ねる。

007 音で海を見る 東京水産大学教授 古澤昌彦 著 196頁
＊光の届きにくい水中を，イルカのように音で見る技術を解説。

008 貝殻・貝の歯・ゴカイの歯 石巻専修大学助教授 大越健嗣 著 164頁
＊貝殻や歯は硬いだけじゃない。様々な機能や抗菌剤への利用等を解説。

009 魚介類に寄生する生物 養殖研究所 日光支所長 長澤和也 著 198頁
＊寄生虫は実はこんなに身近な存在で，しかも悪者ではなかった!?

010 うなぎを増やす (改訂版) 廣瀬慶二 著 156頁
＊今なお多くの謎に包まれているウナギの生態，資源管理，種苗生産に迫る。

011 最新のサケ学 北海道東海大学教授 帰山雅秀 著 140頁
＊サケが高齢化，小型化している!? サケの分類・生態から環境問題等を紹介。

012 海苔という生き物 東京水産大学教授 能登谷正浩 著 192頁
＊あなたは食べている海苔の正体を知らない。色・生態・形・進化の不思議。

013 魚貝類とアレルギー 東京水産大学教授 塩見一雄 著 178頁
＊魚や貝を中心とした食物アレルギーの正しい知識を知って健康な食生活を。

014 海藻の食文化 ノートルダム清心女子大学教授 今田節子 著 202頁
＊健康食で再発見！古代から現代へ続く日本人と海藻のかかわりを探究。

015 マグロは絶滅危惧種か 遠洋水産研究所 魚住雄二 著 194頁
＊ワシントン条約の精神と持続的利用の問題点をわかりやすく紹介。

016 さかなの寄生虫を調べる 東南アジア漁業開発センター魚病特別顧問 長澤和也 著 186頁
＊実体験をもとに「生き物」としての寄生虫の魅力を紹介するサイエンス・エッセイ。

017 魚の卵のはなし マリノリサーチ㈱代表取締役 平井明夫 著 198頁
＊形も性質も異なる魚卵たち。生き残り戦略をかけた卵たちの興味深い生態を紹介。

018 カツオの産業と文化 愛媛大学教授 若林良和 著 202頁
＊生態，漁撈〜消費，民俗，地域振興まで，カツオに関するすべてを紹介。

019 環境ホルモンと水生生物 神戸女学院大学教授 川合真一郎 著 184頁
＊雌の貝にペニス，雄になれないワニ…，すべての生き物の未来が危ない！

020 エビ・カニはなぜ赤い 京都薬科大学名誉教授 松野隆男 著 172頁
　　－機能性色素カロテノイド－
＊話題の赤い色素カロテノイドの有用性と魚介類との不思議な関係を探る。

021 水生動物の音の世界 長崎大学教授 竹村 暘 著 202頁
＊海は本当に静寂か？ 耳を澄ませば，生物たちの息吹が聴こえてくる。

022 よくわかるクジラ論争 小松正之 著 216頁
　　－捕鯨の未来をひらく－
＊クジラ資源の科学的解析と，クジラと人との関わりから，今後の捕鯨のあり方を考える。

023 さしみの科学 お茶の水女子大学名誉教授・和洋女子大学教授 畑江敬子 著 172頁
　　－おいしさのひみつ－
＊なぜさしみはおいしい？ よりおいしく食べる方法は？ 新鮮魚介類の知識が満載。

024 江戸の俳諧にみる魚食文化 東京水産大学名誉教授 磯 直道 著 192頁
＊一茶，芭蕉など多くの俳諧人が詠んだ魚介類の句から，江戸の魚食文化を眺める。

025 魚の変態の謎を解く 福山大学教授 乾 靖夫 著 162頁
＊ヒラメ，ウナギ，サケはなぜ変態する？ 姿を変える魚たちの謎を解く。

026 魚の心をさぐる 京都大学フィールド科学教育研究センター助教授 益田玲爾 著 158頁
　　－魚の心理と行動－
＊魚の行動に関する"なぜ？"を魚の心理的立場から解き明かす。

027 魚のウロコのはなし 東京学芸大学教授 吉冨友恭 著 144頁
＊調べる！ 食べる！ 利用する！ 今までにないウロコの専門書がついに完成。

028 海のギャング サメの真実を追う 水産庁研究指導課 中野秀樹 著 162頁
＊恐ろしい？ 魅力的？ サメとの共存のために，まずは知ることからはじめよう。

全巻 四六判・並製・定価1680円（5％税込）　　（成山堂発行図書の目録無料進呈）